打造完美
素顏肌

每個人都該有一本的理性護膚聖經

Listen to your skin

冰寒／著

序

　　愛美之心人皆有之。隨著社會和經濟的發展,人們對美的追求愈加強烈,催生了繁榮的美容護膚產業、繁多的化妝品,以及層出不窮的美容方法,給消費者帶來美的享受。

　　但是,由於皮膚科學和化妝品科學尚在發展之中,許多問題還沒有得到很好的研究和解釋,因此日常生活中許多關於護膚的問題長期困擾著消費者。消費者缺乏必要的美容皮膚科學基礎知識,也常常因為過度追求美而採取一些過激甚至可能對皮膚造成傷害的方法或產品,後悔莫及。

　　普通消費者要掌握美容皮膚科學的基礎知識並不容易,美容皮膚科學專業著作大多因過於艱深而不適合普通人閱讀;美容皮膚科學是一個跨專業學科,不僅涉及皮膚科學,還涉及化妝品科學,涵蓋的知識範圍十分廣泛,因此十分需要一本通俗易懂、密切貼近生活實際、又不失嚴謹專業的護膚科普書,為大眾日常護膚提供可信的指導,本書應運而生。

　　本書的作者冰寒是一位跨界進入皮膚科學界的研究者,也是我最特別的學生之一。他有多年的美容護膚行業從業經歷,在日常生活中密切關注和收集來自愛美人群的護膚問題、煩惱,並就大眾感興趣的問題以實驗的方式進行求證,為此,甚至建立了中國第一個非營利性私人皮膚科學實驗室,配備了多台高水準皮膚科學研究儀器。針對大眾感興趣的皮膚科學問題,他設計了大量的實驗,孜孜不倦地進行探索,其中部分成果已發表於國際和國內高水準皮膚科學雜誌。

　　以大眾容易理解的語言敘述科學主題,並不是一件容易的事。用語過於生活化,就容易顯得專業性不足;照顧專業性,又常常讓話題變得不易理解。本書在這方面做了有益的嘗試,每一節在簡潔地敘述主要的觀點與建議後,透過小延伸、小提醒、問答等方式把更深入的討論加以呈現,供有興趣的人士進一步閱讀了解。

　　總之,本書中既有作者的研究學習成果,也引用了大量的前沿研究文獻,深入淺出地介紹了皮膚科學最重要的基礎知識、化妝品配方知識以及日常生活中常見的問題,對日常生活中常見的護膚誤區進行了澄清,還提出了大量獨特而有價值的觀點,例如護膚的鑽石原則是「不傷害肌膚」,護膚要把握「三個平衡」等。它無疑會是愛美人士的美麗伴侶,對大眾的美容護膚提供良好的指導。

皮膚科教授

解放軍空軍總醫院皮膚病醫院院長

中國國家化妝品標準委員會副主任委員

雖然時光不可倒流，歲月終會老去，然而堅持科學理性的護膚方法，比實際年齡看起來年輕10歲是可以做到的。

願美麗和健康與你相伴！

冰寒

目錄
CONTENTS

第一篇 01
重新認識皮膚

打造完美
素顏肌
每個人都
該有一本的
理性護膚聖經

Chapter 01 | 重新認識皮膚

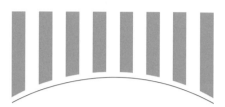

皮膚生而最美，
為什麼會變差呢？

歡迎來到護膚的新世界！

每一個嬰兒的肌膚都白嫩無瑕──
你的肌膚也曾如此完美。這提示了兩個
至關重要的問題：

（1）為什麼新生兒的肌膚全都如此
完美？

（2）為什麼後來肌膚不再完美？

答案是：肌膚是一個精妙的系統，
嬰兒的肌膚保持著完美的平衡和協調。
也就是說，如果你的肌膚能夠恢復和重
建這種平衡，你的肌膚將會再次接近於
完美。

作為學習如何護膚的第一步，我先
使用一張皮膚解剖結構圖來說明這種平
衡是什麼，以及肌膚是如何維持這種平
衡的。

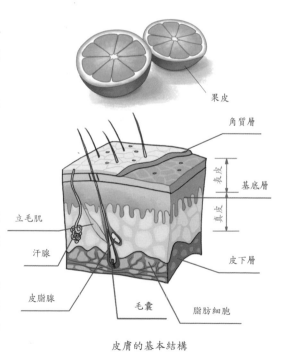

果皮

角質層

表皮

基底層

真皮

立毛肌

汗腺

皮下層

皮脂腺

毛囊

脂肪細胞

皮膚的基本結構

▌皮膚解剖結構說明

皮膚由表向裡分為表皮、真皮、真皮下脂肪組織3層。

表皮：表皮由表向裡分為4～5層，最外層是角質層，由15～20層扁平的角質細胞構成。表皮下依次為顆粒層、棘狀層、基底層。基底層細胞生長在基底膜上。

真皮：表皮與真皮形成犬牙交錯的連接，這一部分的真皮被稱為「真皮乳頭層」，含有豐富的毛細血管；再深一些的真皮內含有豐富的膠原蛋白和彈性纖維，縱橫交錯成網狀，提供支撐作用，被稱為真皮網狀層。在蛋白纖維之間，填充著結合了水的醣胺聚醣類物質，共同構成細胞外基質。

皮下脂肪組織：主要由脂肪細胞構成，起到保溫、緩衝、填充作用。脂肪細胞也有重要的能量儲存、組織修復、免疫功能。

皮膚的每一層結構，都對其健康、形態有著重要影響。

▌皮膚的三大平衡

我認為，皮膚至少要維持三大平衡才能健康。

1.新生和褪謝的平衡

如左頁圖（皮膚的基本結構）所示，皮膚最上面一層是表皮，而表皮又分為4～5層，最重要的是位於最外面的角質層和最裡面的基底層。角質層是肌膚最重要的保護屏障，沒有它，皮膚無法留住水分，不能隔離微生物和有害物質，也不能有效抵抗紫外線。基底層細胞以14～28天為一個週期逐步由內而外生長，穿透中間的幾層，最後演化為角質層。角質層細胞以肉眼不可見的方式定期脫落、更新。

失去平衡的後果

· 角質層脫落、剝脫過多——將使皮膚保水能力嚴重受損，損失最高可達90%；皮膚對外界各種物理、化學刺激的抵抗或耐受力變低，進而會變得乾燥、敏感，容易感染微生物並進一步出現各種皮膚問題。

· 角質層過厚——角質層細胞不能正常按時脫落，或者受紫外線刺激而異常增厚，皮膚就

打造完美
素顏肌
每個人都
該有一本的
理性護膚聖經

Chapter 01 | 重新認識皮膚

容易乾燥、起屑，膚色暗沉。

小延伸

關於皮膚的那些數字

全身皮膚的面積是1.5～2平方公尺，皮膚的重量約占體重的16%。

皮膚的厚度介於0.5～4mm之間，最薄的部位在眼周和陰囊，最厚處在腳跟。

皮膚可分為3層：表皮（表皮又分為4～5層）、真皮、皮下脂肪。

皮膚的pH值介於4.0～7.0，最高可達9.6；但正常情況下，應當是弱酸性的。pH持續過高會引起多種問題。

表皮的角質層含水量為10%～30%。

表皮層細胞約28天更新一次，但不同的部位更新週期並不相同（面部的更新週期約為前臂的一半，即14天左右）。

皮膚的黑色素細胞數量介於10億至20億個，每個人出生時黑色素細胞的數目就已經固定了。

冰寒提醒》

保護皮膚的完整健康、維護皮膚的正常更替，特別是不要過多剝落角質層，是最基礎、最重要的護膚任務。

2.水油平衡

汗腺、皮脂腺會分泌水分和油分來滋潤皮膚，當然還有天然保濕因子（NMF）等共同作用來保持角質層的含水量。正常情況下，肌膚既需要水，也需要脂類和其他保水的成分。

在角質細胞之間還分布著精密結構和特定比例的脂類，它們對於維護肌膚屏障完整和健康、防止水分過快流失有著重要作用，這些脂類包括神經醯胺、膽固醇和游離脂肪酸，被稱為「生理性脂質」，由角質形成細胞而非皮脂腺合成。

失去平衡的後果

·水分過多——會導致角質層含水量過高而發生鬆解，外界不利因子將更容易穿透皮膚，

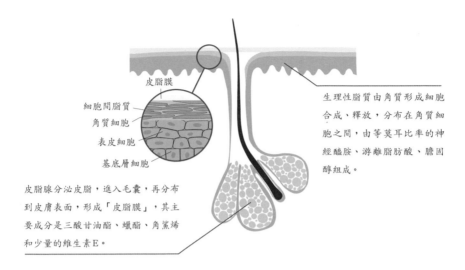

皮脂膜

細胞間脂質

角質細胞

表皮細胞

基底層細胞

生理性脂質由角質形成細胞合成、釋放，分布在角質細胞之間，由等莫耳比率的神經醯胺、游離脂肪酸、膽固醇組成。

皮脂腺分泌皮脂，進入毛囊，再分布到皮膚表面，形成「皮脂膜」，其主要成分是三酸甘油酯、蠟酯、角鯊烯和少量的維生素E。

讓皮膚變得敏感，甚至還會誘發急性粉刺和水合性皮炎。

· 油分過多——皮脂腺過於活躍，分泌過多油脂，會導致毛孔粗大、皮膚易發黃、油光滿面，細菌等微生物也更易於繁殖，甚至會引發皮膚炎症。

· 水分或油分（無論是皮脂還是生理性脂質）過少——會導致皮膚乾燥、粗糙。

冰寒提醒 »

不能讓皮膚缺水，也不能讓皮膚含水量過多。保濕是終生要做的工作。不能讓皮膚缺乏油脂，也不能讓皮膚有過多油脂。要避免過度補水，也無須過度補油。

3.侵襲與抵抗平衡

肌膚每天都要面對許多有害因素的侵襲，如紫外線、有害微生物、各種有害的化學物理因子等等。但肌膚的結構具有一定的防禦力，能夠自行對損傷進行修復。應當幫助肌膚防護有害因素，增強肌膚抵抗力。

失去平衡的後果

若損傷因素的破壞超過了皮膚的防禦和修復能力，就會傷害皮膚。例如肌膚本身有一定的抗紫外線能力和自我修復能力，但這種能力也是有限的，接受紫外線照射過多，皮膚就會受

打造完美
素顏肌
每個人都
該有一本的
理性護膚聖經

Chapter 01 | 重新認識皮膚

損。其他如細菌感染、黑色素增多、色斑加重等，均可以有損傷過程參與。

冰寒提醒》

　　需要保護自己皮膚的完整性和健康度，提高皮膚的抵抗力；同時盡量避免外界損傷。

　　以上三種平衡，任一平衡被破壞，皮膚都會變差。那麼，這些平衡在什麼情況下會被破壞呢？如何重建平衡，讓肌膚保持最好的狀態？這正是接下來將詳細討論的問題。

小延伸

皮膚屏障

　　皮膚角質層細胞、細胞間脂質，以及覆蓋在皮膚表面的皮脂膜，組成了皮膚最外層最基本的保護層，被稱為「皮膚屏障」。任何護膚行為，首先都必須保護皮膚屏障的完整。破壞皮膚屏障的後果十分嚴重：皮膚敏感、皮膚缺水、皮膚刺痛、黃褐斑以及細菌、真菌的機會性感染，都與皮膚屏障被破壞密切相關。皮膚表面的正常菌群，為皮膚構建了一層生物屏障，這層屏障的重要性正在被愈來愈多的人所了解。

關於衰老性皮膚

　　（1）衰老性皮膚，角質層更新所需的時間大約是年輕時的2倍，所以衰老性皮膚的角質會變厚，皮膚光澤會變差。

　　（2）細胞的水分較年輕時減少25%～35%，皮膚緊緻度下降。

　　（3）汗腺數量隨著年齡增長而減少，汗液滋潤不足，散熱變差（容易中暑）。

　　（4）皮膚中的膠原蛋白比年輕時可能會減少50%以上。

　　（5）每老10歲，黑色素細胞數量會減少約10%，這意味著衰老性皮膚更易受到日光傷害。

理性護膚的
三大原則

　　我從2012年開始倡導「理性護膚」，如今愈來愈多的人加入了理性護膚的隊伍。下面是我總結的理性護膚的鑽石、黃金、白銀原則，可作為護膚的總體指導原則。

▌ 護膚鑽石原則：不要去傷害它

　　相信你現在已經認識到：每個人的肌膚天生就是很好的。好肌膚的祕密在於健康和平衡——如果不對肌膚施加傷害，它就可以很好。

　　然而，使肌膚變差的因素非常多：既有來自身體內部的，也有外在的原因。

　　從內在來說，衰老是基因預先設定的。每個人從出生開始，肌膚就在邁向衰老之路，直到某天變得十分蒼老，這是由自然規律決定的。我們暫時還沒有方法逆轉衰老過程，但在一定程度上可以做到延緩。一般而言，女性二十五歲左右的皮膚是一生中狀態最好的，但從此以後就會逐步變差，三十歲前後會出現肉眼可見的衰老徵兆；生寶寶之後，則因為勞累和營養損失巨大，肌膚護理也會迎來較大的挑戰。

　　外在原因包括生物、物理、化學和人為因素，這些因素是可以控制和預防的。認識到這一點，我們就可以採取正確的護膚措施，從而擁有同等年齡下的最佳肌膚狀態——可以毫不誇張地說，若堅持理性護膚，比不注意保護的同齡人看起來年輕10歲是可以做到的。

打造完美
素顏肌
每個人都
該有一本的
理性護膚聖經

Chapter 01 | 重新認識皮膚

肌膚殺手黑名單

問題	說明
護膚不足（不使用護膚品、水油補充不足、防曬不足）	不使用任何護膚品、水油補充不足，皮膚缺乏必要的滋潤和營養；防曬不足，會導致皮膚老化加速、彈性減弱、黑色素增多、出現色斑、皺紋，甚至曬傷。
不注意護膚品的測試	可能遭遇過敏或刺激症狀，處理不當可能會引起嚴重後果，如屏障受損、長期敏感等。
使用不安全的護膚品	主要是指使用非法添加激素、重金屬類不安全成分的護膚品，以及一些刺激性較強的護膚品，傷害肌膚。
美容術後處理不當	雷射、磨削、換膚之後，若不注意保護和修復，或者單純使用激素類藥品抗炎，可能會導致皮膚損傷。
生活習慣不健康	熬夜、飲食不當、抽菸、酗酒、沉溺於夜生活、長期壓力過大等一切影響健康的行為，都會影響皮膚狀態。
過度追求速效美容	冰凍三尺非一日之寒。肌膚的良好狀態，不可能是一夜之間就能達成的，採用有危險的產品（如含激素、重金屬的產品）或方法（不加區別地換膚等），也會傷害皮膚。
日光（紫外線）傷害	皮膚的外源性衰老絕大部分是紫外線造成的，因此皮膚衰老的諸多症狀被稱為「光老化」。
氣候因素	乾燥的氣候下，皮膚容易缺水、無光澤；濕熱的氣候下，皮膚則容易出油、長痘、毛孔粗大。因此，根據氣候和膚質採用適當的護膚方法很重要。

續表

問題	說明
生活和工作環境	空調房內不通風，極易導致空氣污濁，空氣乾燥；電腦的熱輻射則會導致皮膚缺水。
化學性因素刺激	過強的酸、鹼、刺激性物質會灼傷、刺激或慢性損傷肌膚。
生物因素影響	包括各種有害細菌、病毒、真菌、寄生蟲和某些植物等。可引起炎症、感染、過敏等多種皮膚問題。

[小提醒]

紫外線是肌膚的「頭號殺手」

在所有導致皮膚老化的外源性因素中，紫外線是最重要、最關鍵的。紫外線使肌膚的膠原和彈性蛋白分解變性，使表皮層異常增厚、色素增多。年輕的肌膚中膠原蛋白纖維粗壯、條理清晰，年老了就變成一團糟，肌膚彈性下降、水分流失、粗糙、黯淡、長出皺紋。所以防曬是最基礎、直接、有效、簡單的護膚方法。本書將會詳細敘述如何防止肌膚的光老化。

護膚黃金原則：正確選擇和使用護膚品

不管護膚品的價格高低，是國產還是進口，只有適合自己的，才是最好的。

多年來，我不斷遇到那些使用不適合自己的護膚品的人，最嚴重的已經接近「毀容」，其中有一些人，使用的是極昂貴的護膚品，但肌膚狀態並不理想。這說明：肌膚的好壞，與護膚品的價格並不完全呈正比關係。

打造完美
素顏肌
每個人都
該有一本的
理性護膚聖經

Chapter 01 | 重新認識皮膚

要選擇適合自己的護膚品，首先需要準
確地了解自己的膚質，以及皮膚問題產生的
原因——即傾聽肌膚的聲音。在本書中，我
希望能給大家提供一些基礎的建議，未來希
望能研發一套系統，大家只需要在網上做完
簡單的測試，就可以得到相對準確的判斷和
建議。

顯然，我們還應該對護膚品有基本的了
解。現在的護膚品，名目眾多，成分也十分
複雜。因此，了解護膚品，對很多人來說有
點挑戰性。我將在本書第三篇簡要介紹護膚
品是怎麼回事，主要由哪些部分組成，以及
鑑別不良護膚品的小竅門。

▍護膚白銀原則：護膚不僅是護膚品的事

抹了護膚品就算是護膚了嗎？不盡然。如前所述，皮膚的好壞取決於它是否健康——不僅
包括生理層面的營養狀況、疾病狀況、結構完整性，心理狀態、生活方式、飲食習慣等也都是
影響肌膚狀態的重要因素。一般來說，營養和健康狀況良好、心情愉快的人皮膚總是更好些。
因此，不能僅僅依靠護膚品來保養皮膚，它們所起的作用是有上限的。我將在本書第五篇進一
步說明營養健康方面的護膚注意事項。

認識膚質

　　認識自己的膚質是護膚的基礎。

　　我們時常聽到一些膚質的鑑別方法：洗完臉後看皮膚緊繃多長時間；用紙巾按壓皮膚後，看紙上的油分狀況；用閃光燈對著臉拍照看反光等等。在皮膚學上，還有一些其他的複雜分類系統。

　　這些方法具有一定的參考價值，但從判斷方法的表述上來看，對普通讀者來說有些複雜。其實，每個人都可以輕鬆地對自己臉上的油分和水分狀況有個清楚而直觀的了解，例如：

- ·毛孔粗大，整日油光滿面——油性膚質
- ·僅額頭、鼻子和下巴經常有油光，臉頰並沒有油光——混合性膚質
- ·肌膚狀況非常好，不油不膩，平整、光滑、健康——中性膚質
- ·總是感到緊繃、缺水，冬季容易脫屑皺裂，皮膚薄且易起乾紋——乾性膚質

　　但膚質在面部各個分區可能並不完全相同，所以有時我們要根據面部分區來描述皮膚。面部分區見下頁圖：

打造完美
素顏肌
每個人都
該有一本的
理性護膚聖經

Chapter 01 | 重新認識皮膚

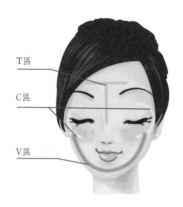

面部的分區

▎膚質是可變的

　　膚質可能會隨著年齡和季節、地域、護膚方法而變化——所以護膚品、方法也應隨之改變。比如：

・在兒童時期，皮膚多以中性或乾性為主，進入青春期，部分人會向油性、混合性分化。

・隨著年齡繼續增長，皮脂分泌會減少，肌膚會向少油的混合性、乾性肌膚轉變。

・若服用某些藥物，如維A酸，會強烈抑制皮膚油脂分泌，油性肌膚會向中性混合性或敏感性肌膚轉變。

・冬天皮膚油脂分泌減少，夏天皮膚油脂分泌增多，所以油性和混合性肌膚冬天會向中性、混合偏乾性肌膚轉化，夏天是中性、混合性肌膚，到冬天可能轉為偏乾性肌膚。

・低緯度地區中性肌膚的人到了高緯度地區，可能會因皮脂分泌不足而變為乾性肌膚（缺水），所以，這種膚質的人在低緯度地區時可能根本不需要考慮保濕問題，在高緯度地區保濕卻成為必修課。

　　我們把各種膚質的特點和護理要點總結在表中供大家參考。

膚質的類型、特點和護理要點

膚質	優點	缺點	易發問題	護理要點	護膚品方向
混合性	不是很明顯	需要分開來護理油性區和乾性區（這點很容易被忽略）	乾性區肌膚易敏感損傷，油性區肌膚易起黑頭、毛孔粗大或長痘	根據不同膚質區域分開護理	根據不同區域狀況選用適合的產品，T區注重控油，V區注重補水保濕和防止損傷
乾性	不易長痘，不易有黑頭，不會油光滿面	薄，保水力差，缺乏油脂，彈性差，無光澤，易受損傷	細紋、色斑、曬傷曬黑、皴裂、敏感	補水、補油、防曬、防止損傷、補充膠原蛋白，保護第一	選用溫和無刺激、無酒精、滋潤性好的產品，注重內調
油性	耐受力強，滋潤，不易曬傷，不易長皺紋	油脂分泌過於旺盛	容易長黑頭、粉刺、痘痘、毛孔粗大，某些嗜油微生物可能會過量繁殖而造成炎症等	清潔、控油，注意充分補水和保濕	清爽的配方，清潔力足夠但是不損傷肌膚的潔膚產品、具有收斂控油效果的面膜、含果酸等具有一定去角質功能的護膚品（油性敏感膚質例外）
敏感性	有時候看起來很美	保水力差、抵抗力弱、皮膚屏障不完整，屬肌膚的非健康狀態	發紅、刺痛、易發疹，容易感染、曬傷	修復、抗炎，防止各種刺激和損傷，防止日曬	溫和無刺激的產品，含有鎮靜修復成分，如：紅沒藥醇、茶多酚、維生素E、天然礦物質（硒、鍶、鋅、鈣）、神經醯胺等
中性	細嫩有彈性，水油平衡	無	完美膚質，基本沒有易發問題	首要目標是防止損傷，保持現有狀態	請參照乾性膚質養護

打造完美
素顏肌
每個人都
該有一本的
理性護膚聖經

Chapter 01 | 重新認識皮膚

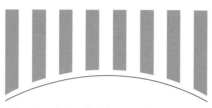

你是敏感性肌膚嗎？

　　敏感性肌膚，作為一種膚質類型近年來才被認可。有很多女性肌膚已經敏感了還不自知，未進行恰當的護理，肌膚問題常常加重。

　　敏感性肌膚的主要表現是皮膚受損，角質層薄，細胞間脂質缺乏或成分紊亂，耐受度低，保水力差，所以當遇到冷、熱、酸、鹼等物理、化學刺激的時候，很容易發紅、刺痛；非常容易被曬傷；缺乏正常皮膚的防禦能力，很容易受到微生物損傷和攻擊。

▎ 小心「後天敏感」

　　根據發生的原因，敏感性肌膚可分為先天和後天兩類。近些年來，由於對護膚的重視，不少女性過度護膚，例如過度清潔、過度去角質、做面膜過多、塗太多護膚品、追求速效美容等，這些行為破壞了皮膚，敏感性肌膚的比例愈來愈高。

　　若你是狂熱的護膚品愛好者（有過度護膚的行為），且肌膚有以下特徵時，應當考慮是敏感性肌膚，必須立即停止傷害肌膚的做法，並採用修護措施，讓肌膚重新獲得健康。

　　（1）皮膚看起來薄得透明。

　　（2）面部隱約有紅血絲或經常潮紅，對輕微的冷、熱風吹都有很明顯的反應。

　　（3）皮膚經常覺得緊繃缺水，秋冬季非常容易脫皮。

　　（4）使用某些護膚品時皮膚刺痛，甚至流汗都會刺痛。

（5）皮膚經常起疹子、小顆粒，有的會發炎，但並不存在角質厚的情況。

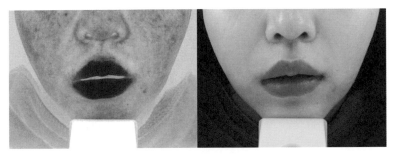

典型的敏感性肌膚（照片由齊顯龍博士提供）

冰寒提醒》

任何類型的肌膚都可能變成敏感性肌膚。

美國邁阿密大學鮑曼博士把皮膚是否敏感、是否容易色沉、油或是乾、鬆弛還是緊緻這四個因素進行交叉組合，得到16種肌膚類型。所以很多人認為混合性、油性皮膚不會敏感，其實是個誤區——任何膚質都有可能敏感。

混合性敏感肌膚的外在表現，通常是T區比較油，而V區乾燥敏感。

敏感性肌膚應當與玫瑰痤瘡、脂溢性皮炎、痤瘡等面部炎症表現的問題相鑒別。

▌「外油內乾」的真相

油性敏感肌就是大家常說的「外油內乾」肌，既有發達的皮脂腺分泌多量油脂，造成毛孔粗大，又因皮膚屏障損傷而保水力不足，所以雖然看起來很油，卻經常感到乾燥。另有部分人的「外油內乾」肌則是由於患了脂溢性皮炎、玫瑰痤瘡或者某種皮炎，皮膚屏障受到了損傷。

因為分泌油脂過多，這類人常常有過度清潔的傾向（例如拚命去角質、拚命洗臉、沒化妝也要卸妝，希望把油洗掉），這會讓肌膚的保水能力進一步削弱，導致肌膚更易缺水。

因為毛孔較大，所以很多人喜歡用BB霜或粉底液遮蓋，晚上再卸妝，一化一卸，對肌膚造成了雙重傷害。

皮膚過油和脂溢性皮炎常常與雄激素水平過高有關，也有可能與某些真菌、細菌相關，因

打造完美
素顏肌

每個人都
該有一本的
理性護膚聖經

Chapter 01 | 重新認識皮膚

此調節皮膚的微生態平衡可能有重要意義。

就這個話題，我在微博上徵集了100多位認為自己是「外油內乾」性肌膚的讀者分享護理心得，得出的基本結論如下：

- 單純吸油是沒有效果的。例如：用泥狀面膜、吸油紙，無法從根本上減少油脂分泌。
- 去角質也不能從根本上改善出油的狀況。例如：堅持做清潔面膜、用含有水楊酸的護膚品等等。
- 單純補水也不能改善肌膚狀況。例如：每天敷補水面膜、喝大量的水等。
- 凡使皮膚獲得改善——滋潤感增強、油膩感減少的，都是既注意補水，又注意保濕。

冰寒提醒 »

對於外油內乾肌，護理的建議為：

（1）停止過度清潔的行為，不要拚命去角質，要改為適度清潔。

（2）減少油脂分泌，如用薰衣草純露做爽膚水或面膜，用含有維生素B_6、丹參萃取、維生素B_3等成分的產品，從根本上減少油脂分泌。

（3）必要時做醫學檢查，抑制真菌、毛囊蟲和細菌，防止這些外在因素的侵害。

（4）補水並且保濕，修復皮膚，注意防曬，防止皮膚受到其他損傷和刺激，恢復肌膚的健康屏障。

（5）注意喝水、補充有助於身體保水的膠原蛋白以及水果蔬菜、菌菇等食物，少食油膩和辛辣、高脂、高碳水化合物類的食物。

（6）脂溢性皮炎的肌膚與單純的敏感性肌膚不同：它可能存在多種病因，例如真菌感染，這種情況需要請醫生幫助治療，而不是單純寄希望於透過護膚品來改善。

第二篇 02
肌膚護理基礎課

打造完美
素顏肌
每個人都
該有一本的
理性護膚聖經

Chapter 02 │ 肌膚護理基礎課

護膚方法的
分類和步驟

曾有很多苦惱的女性向我求救：

「我看很多文章都寫洗臉後要先用爽膚水，之後才能用其他護膚品，但又看到有的老師說應該先用乳再用水，甚至有的人說不要用爽膚水。還有，許多明星都說自己一天一片面膜，是保持肌膚美麗的祕訣，於是我也每天使用一片面膜，剛開始肌膚狀態的確很好，但堅持一段時間之後肌膚會變得很差。到底怎樣的護膚方法和順序才是對的呢？每天使用一片面膜真的對肌膚有利嗎？」

在資訊發達的網路時代，每個人都可以自由公開地分享各種方法和主張，但我們在更容易獲取資訊的同時，也面臨著資訊氾濫的窘境。

竊以為，各種不同的護膚方法，大體上可分為日常護理和密集護理兩大類。為避免損傷皮膚，密集護理不能當作日常護理，這是一條非常重要的原則。在此基礎上，我們再來談各種具體護理措施的方法和注意事項。

什麼是日常護理？

日常護理是每天都要進行的肌膚護理，比較輕柔，通常情況下不會對皮膚產生損傷。例如：洗臉、補水、保濕、防曬等。

▌ 什麼是密集護理？

　　密集護理是指有特定目的的護理方法，目的是在短時間內達到某些效果，只能定期進行，
對皮膚可能有一些刺激，使用過度則可能損傷皮膚，例如：敷面膜、去角質、去黑頭、深層清
潔、去美容院做某些皮膚護理等。

打造完美
素顏肌
每個人都
該有一本的
理性護膚聖經

Chapter 02 | 肌膚護理基礎課

▌護膚的程序

正常情況下每天都應當對肌膚做護理，護理的程序可以複雜，也可以簡單。請注意：除了清潔、保濕、防曬，沒有什麼規定說哪個步驟對每個人來說都是必不可少的。

基本順序

①潔面→②爽膚水→③眼霜、乳液／霜→④防曬／隔離→⑤彩妝
在此基礎上可以根據需要增減變化。

美白或抗衰

希望美白或者抗衰老的話，可以在爽膚水後使用相應的精華液：
①潔面→②爽膚水→③精華→④眼霜、乳液／霜→⑤防曬／隔離

夏季護膚

夏天如果感到肌膚比較油膩，可簡化為：
①潔面→②爽膚水→③精華、眼霜（或凝凍）
或者：①潔面→②爽膚水→③眼霜（或凝凍）、乳液
請注意：這裡未寫防曬，是因為可用硬防曬方法代替，參見本篇「防曬」一節。

痘痘肌護理

若有痘痘，則需要對痘痘使用針對性的產品或者定點護理，在潔面後立即使用具有「治療」性質的護膚品或藥品：
①潔面→②藥物／針對性護膚精華→③後續產品

總的原則是符合肌膚的需要，令人感到舒服。事實上，每個人都可以根據自身狀況對步驟加以調整，甚至可以簡化至只使用一兩件產品。
接下來，我們來看看各個步驟該如何做吧！

清潔

清潔是最重要的基礎護理，其作用是清除皮膚表面多餘的油脂、污垢、細菌、脫落的角質細胞，促進護膚品吸收。因為面部皮脂腺發達，分泌的油脂多，暴露於空氣中的時間長，所以面部皮膚也更髒，自然清潔方面也要加倍注意。

▎清潔有度

不過，做好清潔 ≠ 拚命清潔。我提倡的清潔原則是「充分且適度」。無論清潔不足，還是清潔過度，都是有害的。

清潔不良

清潔不良特別不利於油性、混合性肌膚。清潔不良會導致膚色黯淡、油光滿面、毛孔堵塞，常見黑頭、粉刺、毛孔粗大、痘痘，毛囊蟲、微生物過度繁殖等問題。

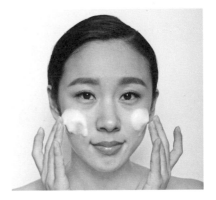

清潔過度

洗臉時間過長，每天洗臉三次以上，過度使用去

打造完美
素顏肌
每個人都
該有一本的
理性護膚聖經

Chapter 02 | 肌膚護理基礎課

角質產品，頻繁使用清潔力過強的產品，長期不恰當地使用化妝棉、海綿、洗臉刷等都屬於過度清潔。

有些人認為洗得愈乾淨愈好，所以用卸妝油代替洗面乳、用化妝棉代替手來摩擦皮膚，這些行為都有可能對皮膚屏障造成損傷。如前所述，當損傷的速度大於修復的速度，皮膚就會出現問題。

身體的肌膚也是同樣的道理。如果過多使用清潔劑，有可能導致皮膚脫脂過度，冬天更易脫屑和瘙癢，所以並不是每天都需要用沐浴乳洗澡。

過度清潔還會降低皮膚免疫力、破壞皮膚正常菌群，甚至有研究認為過度清潔皮膚會使抑鬱症發生率增加[1]。

不同膚質的清潔技巧

油性和混合性皮膚

應該選擇有良好清潔力的洗面乳認真清潔肌膚，建議用溫水洗臉，早晚均要進行，每次洗臉的時間不應短於一分鐘，而非清水抹一下就了事。混合性皮膚應該重點清潔T區和髮際線。先用溫水打濕臉部，再用手將洗面乳搓出豐富細膩的泡沫，打圈按摩、清潔，要特別注意面部的死角。

乾性、中性、敏感性皮膚

適度清潔即可，應選擇溫和的非皂基洗面乳，不建議用磨砂型產品，洗臉時間可以短一些。敏感性皮膚不能用太熱或太冰的水，也不建議用冷熱水交替洗臉。這幾類肌膚不是每次洗臉都必須使用洗面乳，在水油比較平衡的情況下，早上甚至只要用清水洗臉就可以了。

用了彩妝要卸妝怎麼辦？

我的建議是：盡量少用厚重彩妝，以輕薄一些的淡妝為宜。盡量用手輕柔地卸妝，而不是其他卸妝工具。在卸妝產品中，卸妝乳清潔能力不錯，對肌膚的刺激性較小，因此一般情況下，建議首先選用卸妝乳。

從成分上看，彩妝產品一般不以向皮膚提供營養為主要目的；從配方上看，彩妝要求有良

好的持久性，不易花，為了增強黏著力，大多使用耐水、黏稠的油性配方，卸妝需要用比較強力的清潔方法。雖然彩妝用在皮膚上本身不一定會發生不良反應，但卸妝過程不夠柔和的話，有可能對皮膚造成過度清潔，導致皮膚受損。

此外，化妝品過敏，約一半是由香料引起的，其次是色素和防腐劑。護膚品中，香精的含量通常較低，但在彩妝產品（粉類、腮紅、唇膏等）中含量會相對較高（資料來源：《化妝品配方手冊》），色素顯然也應用得更為廣泛，這在客觀上可能增加不良反應發生的機會。當然，如果你本身並不對香精和色素過敏或敏感，就不必在意了。

亦有研究認為，痤瘡、玫瑰痤瘡等問題性肌膚使用彩妝可以讓生活品質得到改善[2]。不過，也有很多人認為使用彩妝會使皮膚問題加重。這也許是需要個體化考慮的問題。總體而言，如果你使用了某個產品肌膚和心理狀態都得到了改善，那就繼續；如果使肌膚問題加重，那就應當果斷停用並排查可能的原因。

冰寒答疑　　那些洗臉小技巧有效嗎？

冷熱水交替洗臉效果怎麼樣？

冷熱水交替可以刺激皮膚血液循環，這能夠為皮膚帶來充足的營養，氣色會好一些（血液循環加快，氧氣充足，皮膚顏色也會變亮；如果含氧量低，則血色發暗，膚色也就更暗）。這樣做是可以的（但不是必須），除敏感、乾性皮膚外的肌膚類型均可採用。注意水溫差別不能太大，不要變成冰水和熱水交替，否則對皮膚刺激性太強，血管也可能因過度擴張而損傷

用鹽、糖、醋洗臉效果好嗎？

非敏感性皮膚和老化肌膚可以使用。鹽和糖能去角質；鹽可以抗菌；醋可以抗菌，還能軟化角質層，使皮膚更加柔軟，降低皮膚pH值。鹽、糖應和磨砂潔面產品一樣，隔段時間使用一次即可，但效果因人而異。

打造完美
素顏肌
每個人都
該有一本的
理性護膚聖經

Chapter 02 | 肌膚護理基礎課

不洗臉會讓皮膚更好嗎？

所謂「不洗臉」，並不是說真的不洗臉，而是只用清水洗臉。個人認為
這種方法更適於經常化彩妝、敏感、受了損傷的肌膚，這樣做可以讓皮膚有
個喘息和恢復的機會。用清水洗臉時，也應當避免一切對皮膚有刺激、損傷
的因素、方法（請參見第14頁的「肌膚殺手黑名單」）。

油性肌膚、痘痘肌，應當謹慎採用。若對個人衛生不注意，不正確地洗
臉（記住「充分且適度」），可能會使肌膚狀況更糟。因微生物感染而導致
的炎症性肌膚同樣不建議採用此法。

用化妝棉和化妝水做二次清潔是對的嗎？

化妝水的溶解作用與化妝棉的摩擦作用相結合，更容易導致肌膚損傷。
因此，我不建議經常這樣做。

能不能用毛巾洗臉呢？

毛巾比手的摩擦力更強，具有一定的去角質作用，加上毛巾纖維的吸附
作用，所以清潔效果比手更好。但皮膚並不是清潔得愈厲害就愈好，因此，
是否應當使用毛巾洗臉，取決於你的皮膚是否需要那麼大力的清潔──尤其
是是否需要輕度去角質。如果是敏感性、乾性皮膚，建議還是用手來潔面。

使用毛巾潔面時不要過於用力地摩擦（尤其是不要在沒有洗面乳潤滑的
情況下摩擦），就可以在一定程度上避免對肌膚的損傷。毛巾用久了不消毒
的話，就會有很多細菌，所以要定期清潔和消毒。消毒毛巾可以用煮沸或消
毒水浸泡後曬乾的方法。

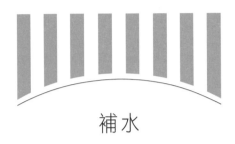

補水

日常護理程序中，補水是保濕的前奏，先給角質層補充水分，乳、霜、保濕精華等才「有濕可保」。乳霜會在水潤的皮膚表面形成一層油水混合的膜，防止水分流失（鎖水）。

補水通常由化妝水、面膜、噴霧等完成，所有化妝水都具備補水這個基礎功能。

補水能讓皮膚角質層含水量提升，變得柔軟晶瑩，有半透明的效果。角質層含有充足的水分（專業用語叫做「充分水合作用」）之後，其滲透性增加，營養也更容易被皮膚吸收。

除補水外，化妝水還常常被賦予收縮毛孔、美白等多種作用，不同爽膚水的特點和作用將在第三篇中分享。

[小提醒]

補水不光是往皮膚上噴水

需要強調的是，不能只透過外在途徑針對皮膚表層補水。皮膚表層的水分其實來自真皮，喝足夠多的水，讓真皮保持健康和活力（尤其是保護真皮中的膠原蛋白與玻尿酸），才是最深層的補水。

環境乾燥會導致皮膚水分流失過快，因此，還需要給環境「補水」。最常用且最有效的方法是在乾燥的室內放置加濕器、綠色植物、吸飽水的毛巾或海綿等。

打造完美
素顏肌
每個人都
該有一本的
理性護膚聖經

Chapter 02 | 肌膚護理基礎課

▎補水過度也傷膚

皮膚乾燥者，也常常使用礦泉水、天然植物純露噴霧臨時為皮膚補水、降溫。各種凝凍狀面膜、片狀面膜也都有快速補水的效果。但這些方法都不應該過度使用，以免造成表皮過水合而鬆解、皮膚屏障被破壞、正常的保水能力受損，同時，也有一些補水產品可能提升皮膚的pH值，若持續地保持較高pH值，對皮膚是不利的。

表皮吸水、含水量增高，被稱為水合作用。表皮需要一定的水分，但是吸收水分過多時，細胞膨脹、彼此之間的連接變鬆，即為「過水合」。

發生過水合之後，皮膚通透性增高，更易受到刺激。若反復發生過水合，會讓皮膚屏障受到損傷，無法發揮正常的保護力，正常皮膚可能變成敏感性肌膚。

過多使用補水噴霧、每天做面膜、每次敷面膜時間超過20分鐘（有些甚至長達1小時），均會讓皮膚過水合，就好比一面牆常年泡在水中，久而久之必會被侵蝕破壞。因此，建議每天使用三四次補水噴霧即可。

過度補水（尤其是以面膜形式）還可能造成毛囊皮脂腺導管吸水過度而膨脹，堵住毛孔，形成類似粉刺的疹子。這種情況，常常被認為是角質過厚引起的，於是又拚命去角質，去角質後，皮膚屏障被進一步削弱。有許多敏感肌膚的人說「我覺得角質太厚了，毛孔堵塞，怎麼補水也不能吸收」，大多是此種情況。其實此時什麼都不做，皮膚狀況反而會變好。

用噴霧補水之後建議用手輕輕拍乾，而不是用紙巾擦拭，因為擦拭時紙巾可能會將皮膚表面的水溶性保濕成分帶走，反而令皮膚更容易乾燥。

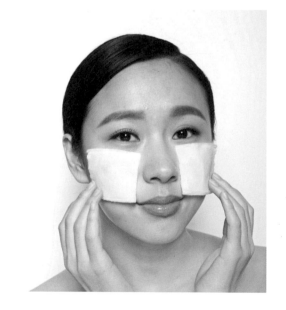

保濕

水是生命之源，正常人的身體近70％都是水。表皮角質層中的水分含量為10％～30％，低於10％皮膚將嚴重乾燥，所以保濕極其重要。

肌膚缺水的後果：

- 角質層乾燥、起屑、脫落、乾裂，角化加速。
- 透明度降低、粗糙。
- 肌膚更容易受到刺激或侵襲，過敏的概率也會升高。
- 老化加快。

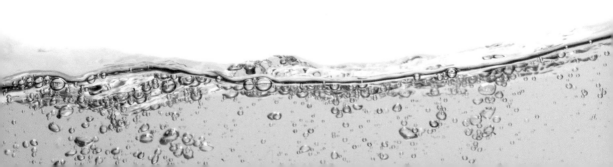

打造完美
素顏肌
每個人都
該有一本的
理性護膚聖經

Chapter 02 | 肌膚護理基礎課

　　保濕的作用是使水分不要過快流失，讓角質層有合理的含水量。保濕並不僅僅是指塗抹保濕霜，其實肌膚自身具有一個非常完美的保濕系統，它的工作原理就好像一個水利工程：

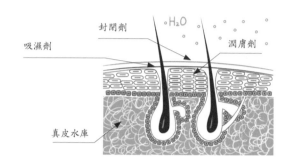

　　上圖顯示了肌膚自身保濕工作的原理：真皮層是水的來源，也就是「水庫」。真皮細胞間質涵養了大量的水，缺乏它們，真皮的涵水能力會下降。

　　表皮細胞間的水溶性保濕成分像抽水機一樣把真皮層的水吸出來滋潤表皮（尤其是角質層）。距離真皮愈近的地方，含水量愈高；而距離愈遠，含水量就愈低。這樣，皮膚含水量在皮膚各層形成了一種「金字塔」模式，而抗氧化劑也呈金字塔式分布：

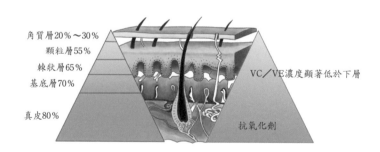

▋ 小心！這些舉動會降低皮膚的保濕能力

　　正常情況下，皮膚具有自我保濕能力，這一功能主要是由皮膚屏障完成的。當環境過於乾燥或皮膚屏障受損時，皮膚的失水速度就會加快，角質層水分含量降低，就會導致皮膚乾燥、脫屑。因此，保濕的基本出發點，是維持和保護皮膚的屏障功能。過多使用下列方法可能削弱皮膚屏障功能、降低皮膚自身保濕力：

- 過多去除皮膚的天然油脂：如用太熱的水、用清潔力過強的潔面產品（尤其是皂基產品）、用過於強力的清潔方法（如磨砂、化妝棉或海綿清潔）、經常性卸妝。
- 過於頻繁地洗臉：例如每天洗臉超過3次，每次都非常用力地清潔，混合性肌膚的V區也不輕柔對待。
- 去角質過度：頻繁使用較高的濃度水楊酸和果酸，導致角質層變薄。
- 敷面膜過多：每天敷面膜，或者每次敷面膜時間超過20分鐘，甚至敷面膜過夜等。

當肌膚自身的保濕力不足以保持水分時，就需要使用保濕護膚品（通常是乳、霜）幫助保濕。在秋冬季節，由於環境變化、空氣濕度降低，汗液、皮脂分泌減少，皮膚自身的保濕能力下降，肌膚的保濕就變得更加重要。

小延伸

保濕小辭典

TEWL：經皮水分散失量（trans-epidermal water loss），是指經過表皮，在單位時間內流失水分的速度。TEWL愈高，表示單位時間內流失的水分愈多，皮膚保濕能力愈弱。

NMF：天然保濕因子（natural moisturizing factor），由皮膚自身產生的一些胺基酸殘基、無機鹽等組成的具有吸水作用的複合水溶性物質。NMF能在角質層中與水結合，並透過調節、儲存水分達到保持角質細胞間含水量的作用，使皮膚自然呈現水潤狀態。過度清潔會使NMF流失，肌膚自身的保濕力就會下降。

表皮細胞間質：填充表皮細胞與細胞之間空隙的物質。在角質層由脂肪酸、鞘胺醇、膽固醇以固定的比例、精密的結構組成，即生理性脂質。具有極佳的保濕效果，可以防止水分流失；在顆粒層以下細胞之間還有玻尿酸等水溶性物質。過度清潔、表皮損傷會使細胞間質流失、脂質合成紊亂，皮膚細胞生存環境惡化，從而降低皮膚自身的保濕力。

打造完美
素顏肌
每個人都
該有一本的
理性護膚聖經

Chapter 02 | 肌膚護理基礎課

▎ 保濕最重要的四個訣竅

1. 做得保濕

要最大可能地保護皮膚，發揮肌膚自身的保濕能力。

主要原則是不損傷皮膚、不過度清潔肌膚，保護真皮和表皮的健康和活力，這樣皮膚本身的涵水能力才能得到保證。

2. 塗得保濕

一款好的保濕護膚品，配方中應該含有一定的保濕劑（吸濕劑）、油分（封閉劑）和潤膚劑，或者將上述類型的成分配合起來達到綜合保濕效果。

· 吸濕劑幫助將真皮層的水分吸至表皮層，在空氣濕度較大的情況下也可以將空氣中的水分吸到皮膚上。

· 封閉劑的作用是形成油膜，減少水分蒸發。封閉能力最強的油類是凡士林（礦脂），其次是輕質礦物油（礦脂），再次是植物油、合成酯等。

· 潤膚劑可使肌膚平滑、柔潤。

[**小提醒**] ━━━━━━━━━━━━━━━━━━━━━━━━━━

保濕護膚品常用的幾類成分

吸濕劑：甘油（丙三醇）、玻尿酸鈉、丁二醇、丙二醇、銀耳萃取等，多為醇類、多醣類。

封閉劑：凡士林（礦脂）、礦物油（液體石蠟）、各種植物油等，主要是脂類。

潤膚劑：羊毛脂、矽油類、一些酯和醇等。有些潤膚劑也有吸濕或封閉作用。

━━━━━━━━━━━━━━━━━━━━━━━━━━━━━━━━━━━━━━━

新的趨勢是使用仿生劑，著重角質細胞間脂質的補充和完整，以及皮膚細胞的喚醒。因此很多品牌開始選擇皮膚本身所需要的、具有生化活性的成分添加到保濕產品中，透過模擬細胞間質來增強皮膚的保濕力，例如神經醯胺、膽固醇、鞘脂類等。使用這些成分的產品通常會比較貴，但值得選擇。

　　一些成分雖然不屬於保濕劑，但外塗能夠改善真皮層的狀態而使肌膚保持水潤，也值得選用，如維生素C及其衍生物、硫辛酸、羥脯胺酸、全大豆萃取、膠原蛋白肽和當歸萃取等具有抗氧化作用的植物萃取。

　　保濕產品通常有保濕水、保濕精華、保濕乳或保濕霜等。若你不太會看成分表，為了知道每一種產品的保濕性能如何，可以在洗完臉後只塗這一樣產品，看該產品能在多長時間內讓皮膚不緊繃，時間愈長愈好。

　　如果能備一個皮膚水分測試儀就更好了，但要注意使用技巧：

　　• 一般選擇上臂內側的健康皮膚做試驗，將性質相同的一塊皮膚區域分為兩塊，一塊塗抹保濕產品，一塊不塗抹。

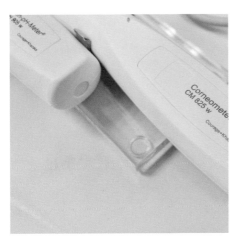

實驗室用的研究級皮膚水分測試儀

經皮水分散失測試儀

打造完美
素顏肌
每個人都
該有一本的
理性護膚聖經

Chapter 02 | 肌膚護理基礎課

- 一塊測試區域只能塗一樣產品。

- 分別在30分鐘、1小時、2小時、4小時、6小時、8小時測試皮膚含水量，先測試未塗抹區域，再測試塗抹區域，每個地方測試至少兩次，取平均值作為結果。一般年輕人角質層含水量應當在25％以上，30％左右是最理想的。

有興趣的同學，要想知道皮膚狀態有沒有長期的改善，可以對指定區域連續測試，每週測試一次數據，最後一次測試前不塗抹任何產品，看皮膚在未使用任何產品的情況下自身是否已經得到改善。根據實驗室測試，市面上的小型水分測試筆誤差較大，結果僅供參考。不過很有意思的是，我們發現主觀感受與專業的水分測試儀、TEWL計測試的數據一致性也比較高，所以如果懶得做測試，也可以以自我感覺為標準去挑選產品。

3. 吃得保濕

飲食調理，也可以讓肌膚更加水潤。

- 補充膠原蛋白：可以提升真皮層的涵水能力，近年已經有較多的臨床研究結果證實了這一效果，包括多項隨機對照試驗（參見第五篇「撐起年輕的肌膚——膠原蛋白」一節）。

- 補充維生素C、維生素E：可減少膠原蛋白的損失或促進膠原蛋白合成。

- 多吃新鮮水果蔬菜：尤其是山藥、木耳、銀耳等中醫所說補陰生津的食物可能也是有益的。

4. 活得保濕

- 注意改善環境濕度：在乾燥的冬天以及有暖氣的室內，加濕器應是必備品；電腦前也可以放打濕的毛巾、吸水的海綿；室內可以種植大葉綠色植物，增加濕度。

- 少熬夜：中國傳統醫學認為熬夜會「傷陰」，導致體液消耗，目前原因不明，但熬夜確實會導致皮膚乾燥無光、嘴唇焦裂。研究也已確認熬夜後皮膚會受損，屏障功能會弱化。

- 避風吹：冬天出門，大風天應戴口罩，一是因為亞洲人皮膚較為敏感，二是因為空氣流動速度愈

快，水分流失也就愈快。戴口罩可以有效降低面部水分在風中的流失速度。

　·防曬：以免表皮層異常增厚（愈厚角質層距真皮愈遠，愈遠含水量愈低），減少紫外線對真皮層膠原蛋白的損傷。

　如果你能做好這些保濕工作，發揮出皮膚自身的保濕潛力，那麼即使在寒冷的冬天，也無懼乾燥。

 冰寒答疑　**關於保濕的認知誤區**

面膜能保濕嗎？

　面膜使用後短時間內會被洗去，大部分面膜所含的油分較少，因此，面膜即時補水效果好，但保濕能力偏弱，所以不宜單純依賴面膜保濕，還是應配合使用霜、乳類保濕產品。

大分子和小分子保濕劑有什麼不同？

　大分子、小分子不是一個嚴格的標準概念。大分子通常是指分子量在5000或者10000以上的物質。

　常用的大分子保濕成分包括：高分子量的玻尿酸鈉、膠原蛋白、銀耳多醣體或其他黏多醣、聚谷氨酸（PGA）、硫酸軟骨素、一些纖維素和天然膠體等。其中最常用的是玻尿酸鈉（Na-HA）。

　保濕物質因含有較多的親水基團，可以與大量的水結合，發揮吸濕、保濕作用。因為它們的分子量大，所以會比較黏稠，具有成膜性，而且滲透性會比較弱。它們的成膜性會對分布在其中的其他物質形成阻滯，不容易穿透。從這點來說，它們可以阻礙其他養分被皮膚吸收，當然，合理利用，也可以實現緩釋效果。

打造完美
素顏肌
每個人都
該有一本的
理性護膚聖經

Chapter 02 | 肌膚護理基礎課

不過最新的研究結果表明：大分子的玻尿酸和膠原蛋白也可以被皮膚吸收。

黏稠的大分子成分更適合製作乳霜類產品，這些產品也更適合在精華液之後使用，發揮保濕、緩釋的作用。

小分子保濕劑有各種多元醇（甘油、丙二醇、丁二醇等）、吡咯烷酮羧酸鈉（PCA-Na）、維生素B$_5$（泛醇）、神經醯胺、鞘脂類、乳酸鈉等。

小分子保濕劑分子量較小，滲透性也更強，不那麼黏稠。維生素B$_5$和神經醯胺具有重要的生理活性，容易滲透到細胞間發揮保濕作用，PCA-Na、乳酸鈉等則本來就是人體天然保濕因子（NMF）的組成部分。

在實際應用中，大、小分子保濕劑基本上都是配合使用，以達到更好的保濕效果。比如玻尿酸鈉與甘油配合，比單一使用玻尿酸鈉的保濕效果更佳。各種品牌不太可能使用單一的大分子保濕劑或者小分子保濕劑。當然，在市場宣傳時商家可能會重點突出某一類或者一個成分。

直達真皮補水的宣傳可信嗎？

真皮含水量大於70%，其來源是飲入的水。靠每天在面部塗抹約1.4ml的保濕產品，無法滿足真皮的需要。

由於表皮的結構緻密，塗抹在皮膚上的物質想要滲入真皮層並不是非常容易的事。如果快速滲透到「直達」的地步，一定會造成明顯刺激。所以保濕劑並沒有透過皮膚大量吸收進入真皮層的必要和可能。

其實，真正缺水的是表皮層，因此補水、保濕的重點也應當是維護表皮層有合適的含水量。擁有充足的表皮細胞間質、含水量適中的角質層，保持表皮層的完整和健康，防止皺裂、防止真皮水分流失過快，就已經達到了理想的保濕目標。

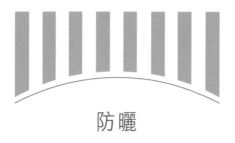

防曬

如果做不好防曬，就不要侈談護膚。

▌紫外線的四宗罪

　　導致皮膚老化的所有外源性因素中，紫外線的「貢獻」是最大的，皮膚的老化甚至就直接被稱為「光老化（photoaging）」。

　　光老化厲害到什麼程度呢？《新英格蘭醫學雜誌》的一張照片引起了人們的廣泛關注：

　　照片中的這位美國卡車駕駛員William McElligott（威廉・麥克利戈特），開車28年，對著車窗的左臉生理年齡已經到了80多歲，但右臉仍然保持在60多歲的狀態。

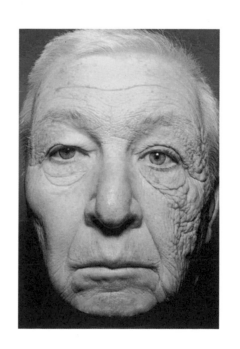

打造完美
素顏肌
每個人都
該有一本的
理性護膚聖經

Chapter 02 | 肌膚護理基礎課

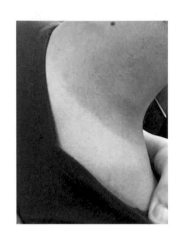

研究已經證實，紫外線對皮膚可以造成如下傷害：

· 曬傷：如果不採取任何防曬措施，一般黃種人在強烈的陽光下暴露15分鐘左右皮膚就會被曬紅，再繼續曬，會灼痛，甚至脫皮。曬傷屬於光毒性反應。

· 曬老：紫外線、藍光和紅外線會導致膠原和彈性蛋白損傷、皮膚的角質層異常增厚，皮膚的彈性、水潤度和光澤變差。

· 曬黑：位於表皮底層的黑色素細胞感受到紫外線後，會加速分泌黑色素，輸入到周圍的表皮細胞，黑色素細胞的體積也會膨大，最終導致膚色變黑。曬黑之後，想要讓肌膚恢復到曬黑前的狀態，就不是那麼容易了。

更嚴重的是，皮膚某區域接受紫外線照射後，鄰近區域對紫外線的敏感度也會升高，一般來說照射的面積愈大，敏感度就愈高。此外，肌膚對紫外線還有記憶效應：經過一次曬黑，下一次再被紫外線照射時，黑色素細胞會比上次反應速度更快，皮膚會更迅速地變黑。

· 光敏反應：部分人對紫外線敏感度高，被紫外線照射後可能會發生急性反應，若此時攝食大量光敏性食物，在光敏成分的誘導下，可能發生嚴重的光敏反應，症狀有起疹、滲出、紅斑、瘙癢等。

此外，接受過多紫外線照射還會導致光免疫抑制、一系列光化性皮膚病甚至某些皮膚癌。

注重防曬，是最重要的護膚功課之一。

▌認識紫外線

紫外線（UV／ultraviolet）根據波長可劃分為UVA、UVB、UVC。

UVA為長波紫外線，波長320～400nm，穿透力最強，可到達真皮層，是皮膚老化元兇，也是曬黑皮膚的首要因素。玻璃、薄布無法完全阻隔UVA。

UVB為中波紫外線，波長280～320nm，可以到達基底層，主要會曬傷、曬紅皮膚。UVB可以被玻璃阻擋。

UVC為短波紫外線，波長小於280nm，會被大氣中的臭氧層阻擋。人工UVC主要出現在

醫院用於消毒的紫外燈。

　　過去，UVB是人們關注的重點，近年來對UVA和光老化的研究逐漸深入，人們認識到對UVA的防護應當成為重點。皮膚中有一些發色團可以吸收UVA，如反式尿刊酸、黑色素、紫質、苯醌、與蛋白質結合的色氨酸、高級糖化終產物；某些物質在UVA激發下可產生ROS（reactive oxygen species／活性氧簇），造成廣泛傷害。

　　黃種人對UVA敏感，更容易曬黑，不易曬傷；白種人對UVB更敏感，更容易曬傷，但不易曬黑。

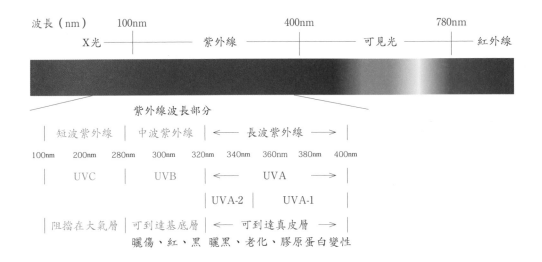

▍防曬不能只靠防曬乳

　　一說到防曬，你是不是就想到塗防曬乳呢？

　　不錯，作為專門用於防曬的護膚品，防曬乳絕對是非常重要的角色。不過，基於我們對紫外線的認識和對防曬乳的了解，防曬絕不能只靠防曬乳。從某種意義上說，防曬乳只是一個補充角色。

打造完美
素顏肌
每個人都
該有一本的
理性護膚聖經

Chapter 02 | 肌膚護理基礎課

這個說法可能讓你覺得很驚訝：為什麼呢？

下面是我主張的防曬要點，這些要點的精神與世界衛生組織（WHO）所倡導的防曬ABC原則是一致的：

- 不被曬到，是最好的防曬。
- 首選硬防曬：沒有哪一種防曬乳能與硬防曬（詳見p.45）相比。
- 在必要時塗防曬乳。

如果能夠理解這些原理，防曬將變得十分有效，很輕鬆就能做到，肌膚也會因此受益。

防曬的ABC原則

A：Avoid，避免曬。

B：Block，遮擋，防止被曬到。

C：Cream，防曬乳。在A、B不能滿足防曬需求的時候，採用C補足。

下文將分別詳述這幾個原則。

[小提醒]

18歲前所受紫外線輻射是一生總量的50%

人們年輕的時候在外活動時間較多，防曬意識不足，常使肌膚接受大量的紫外線輻射，其後果在年輕時不易察覺，但成年後會逐步顯現，因為紫外線損傷的結果具有累積性。

換句話說，光老化在你年幼時就已經開始了。如果你是第一次讀到這條資訊，請立即開始防曬！

如果你是一位媽媽，請立即開始注意寶寶的防曬問題。

防曬A原則：不被曬到，是最好的防曬

紫外線再強，都不可能穿透一堵牆。最好的防曬，是不被曬到。做到以下兩點，就可以避免60%甚至更多的紫外線損傷：

（1）早上10點到下午4點之間，避免在陽光下活動。

（2）外出活動時，選擇陰涼的地方行走、停留。

每天中午12點到下午2點是一天中紫外線最強的時段，下午4點以後，紫外線的強度明顯降低，僅相當於最強時的25％或者更少。

根據我測試的結果，外出時，若能有大樹為你遮陰，紫外線強度立即能減少50％甚至90％（實際效果要看樹的大小和茂密程度）。

[**小提醒**]

面部所受紫外線的來源

面部所受紫外線有三個來源、兩個方向：

（1）太陽直射：約占50%——所以不要被太陽直接曬到。

（2）天空散射和周圍建築物反射：占40%～45%——這部分容易被忽略。

（3）地面反射：紫外線照到地面後再次反射到面部的部分，一般占總量的5%～10%。反射率最低的是草地，幾乎沒有；淺色地面、沙灘、雪地的反射率要高得多。所以長期在海灘、雪地和烈日下的廣場上活動，四周又毫無遮擋的話，會更容易曬黑。

（1）和（2）的來源方向是天空，占到總量的90%或更多，所以防住天空，就基本成功防住了紫外線。

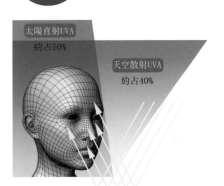

面部所受UVA輻射的構成示意圖

由圖可見：

UVA的最大輻射量來自太陽直射和天空散射，所以天空、太陽是防護重點。

▍防曬B原則：首選硬防曬

「硬防曬」這個詞由我在2012年首次提出。測試表明，最有效的防曬，非硬防曬莫屬。所謂的硬防曬，是指以傘、帽子、墨鏡、衣物等物體來遮擋紫外線、可見光甚至紅外線的防曬方

打造完美
素顏肌
每個人都
該有一本的
理性護膚聖經

Chapter 02 | 肌膚護理基礎課

法。

2012年春夏季到2013年，我測試了許多關於紫外線的數據，發現：

· 一把普通的傘，可以輕易阻隔85％以上的紫外線。

· 更好的傘、墨鏡、帽子、防曬衣，則可以將阻隔率提升到95％甚至100％——這對防曬乳來說幾乎不可能。

那麼，如何選擇硬防曬護具呢？

傘的選擇

傘面要大，內部是黑色或暗色、不透光的傘布材質是最佳選擇。選擇傘主要考慮如下三個方面：

· 材料：選擇密織的不透光布料即可。四周有蕾絲的傘防曬力會有所損失。若布的緻密度不夠，則需要塗層。

· 顏色：外部顏色隨意；內裡以黑色為佳，不宜用銀色、金色。這是因為面部所受紫外線的一部分來自地面反射，若傘裡面是強反光的金色、銀色，將會把地面反射上來的紫外線再反射到面部，而黑色內裡則不會有這個問題。

外部顏色任意
內部以黑色為佳
不推薦內部為反光的銀色、金色

· 尺寸：愈大愈好。

被雨淋過的傘就沒有防曬力了嗎？其實，雨水並不會影響傘布的緻密度、顏色，也不會導致內部的塗層脫落，因此，被雨淋過的傘依然具有防曬功能。當然，有一些傘的塗層不太好，容易在淋濕後脫落，要另當別論。

帽子的選擇

合適的帽子能為臉部提供極佳的紫外線防護，被帽子遮住的部位，紫外線輻射能減少95％。那麼怎樣選擇一款防曬的帽子呢？

· 帽子應該夠大。

· 布料透氣但不能透光，防曬效果和舒適度需要兼顧。

· 帽子內裡最好是暗色的。

· 最好選擇有一圈帽檐的帽子，棒球帽只能防護正面，無法防護側面。

在所有指標中，帽檐寬度是最重要的。以4月份的上海為例，早上8點鐘以後，一般人使用帽檐寬度大於11公分的帽子才可以完全擋住面部，臉愈大，需要的帽檐愈寬。

帽子的缺點是不能防護身體，所以只能戴帽子又必須在戶外的時候，身上要塗防曬乳。

打造完美
素顏肌
每個人都
該有一本的
理性護膚聖經

Chapter 02 | 肌膚護理基礎課

[**小提醒**]

市面上流行的「鐵面罩」有用嗎？

　　「鐵面罩」的設計能讓面部完全被遮住，也不必擔心被風吹翻，非常適合騎行時戴。

　　我在實驗室測試了多款面罩，相似的款式、大小、顏色，其防曬能力參差不齊（雖然每款均聲稱能防95％以上的紫外線），有的對UVA幾乎毫無過濾能力，憑肉眼無法分辨防曬能力究竟如何。因此購買時不可貪圖便宜、輕信廣告，最好應選擇有可信測試數據的產品。

墨鏡的選擇

　　優質的防曬墨鏡是防止眼周肌膚光老化的利器，還可以防止視網膜的紫外損傷，墨鏡本身沒有刺激性，不會對肌膚造成負擔，可以重複使用。選擇墨鏡時，需要考慮的因素有：

　　‧材料：以帶有特殊防曬塗層的聚碳酸酯鏡片為佳。防曬波段可達到400nm。目前最新的技術可達到412nm以下完全防護，但尚未普及。

　　‧顏色：顏色不是影響防曬力的核心因素。測試表明：深色鏡片的防曬力也有可能不如有些無色的透明鏡片。墨鏡的防曬性能主要取決於防曬塗層或鏡片中的防曬成分，深色鏡片對可見光的防護力會更強一些。各種鏡片對紅外線均缺乏防護能力。期待防紅外線的墨鏡早日問世。

　　‧尺寸：愈大愈好。

　　‧造型：考慮了加強側面防護的眼鏡更有效。

　　墨鏡的價格從數百元到數千元不等，但價格並不是影響防曬的主要因素，所以沒必要非得追求昂貴的產品。

防曬衣物的選擇

用衣物防曬其實很方便操作，織得比較緊的布，如白棉布、各種不透光的普通布料都可以防曬，但不能認為這些就是防曬衣。

許多普通的布料都可以防曬，但不輕薄，例如牛仔布。另一些衣物做得輕薄，但沒什麼防曬能力，例如蕾絲衫、雪紡衣等。所以，只有既輕薄，又做過防曬特殊處理的，才能稱得上是防曬衣。

在我看來，防曬衣應當輕薄透氣而且適合夏季穿著，同時對紫外線有較強的防護能力。

我測試了很多宣稱能達到UPF50的所謂防曬衣，結果大部分衣物的防曬效果都不理想，對此現象近年來媒體也多有報導。當然，遮比不遮要強。不過，在強烈的陽光下穿著以為能防曬的「防曬衣」，更加放膽接受日光照射，造成的傷害可能更嚴重。

選擇防曬衣時，最好能夠看到可信的測試報告，在確定防曬力的基礎上，再選擇顏色、款式。如果不能確定防曬力，還不如穿厚一點、不透光的棉織物。

[小提醒]

日光的好處

日光並非一無是處，適當接受日光照射也有好處。

・日光中的UVB可以促進維生素D的合成，而維生素D可促進鈣的吸收和轉化，缺乏日光照射的兒童容易因缺鈣而生佝僂病。建議兒童每天接受15分鐘的日光照射（注意：隔著玻璃窗曬是無效的，因為UVB不能穿透玻璃），否則應額外補充維生素D。當然，合成維生素D的任務可以交給四肢的皮膚完成，不一定由臉去完成。

・長期不接觸日光會使近視率上升。

・日光還與抑鬱症有關。（有沒有覺得長期陰天會讓你心情鬱悶？）

打造完美
素顏肌
每個人都
該有一本的
理性護膚聖經

Chapter 02 | 肌膚護理基礎課

▍防曬C原則：在必要時塗防曬乳

避免依賴防曬乳，減輕皮膚負擔

我鼓勵防曬，但並不鼓勵單純依賴防曬乳。

防曬成分並不能為肌膚補充養分。如果沒有紫外線，肌膚還是需要保濕、抗氧化，但不需要防曬乳。也就是說，防曬劑其實是在不得已的情況下才使用的外來物質。

而且，目前不管是哪種化學防曬成分，都屬於化妝品規範中的限用物質，或多或少都有一定刺激性，某些成分的副作用還比較大[3]。

敏感、破損、有炎症的肌膚更應謹慎選擇防曬產品，某些化學防曬劑更容易進入有損傷的皮膚內，可能導致光敏或光毒性反應。

在必要的時候，一定要塗防曬乳

塗不塗防曬乳，要權衡利弊，要看在特定場景下，是塗防曬乳對皮膚造成的傷害大，還是不塗防曬乳對皮膚造成的傷害大。

當你去海灘游泳、野外遠足、高原登山或在夏天學習駕駛、長時間在烈日下運動，硬防曬又不足以或不方便防護紫外線時，必須塗防曬乳，而且要使用足夠的量。

在進行戶外活動時，應該選擇防水的、具有高防曬能力的防曬乳。

要根據情況靈活選擇防曬策略，既要防護紫外線，又要盡量避免增加皮膚的負擔。

[小提醒]

戶外的紫外線強度非常大，一定要特別注意防曬！

葛西健一郎先生在《色斑的治療》（原書名《シミの治療》，文光堂出版）中描述了戶外條件下紫外線大幅增加的情況：

一位每天暴露於陽光下30分鐘的辦公室女性，若進行為期5天的夏威夷旅行，紫外線強度為原工作地的5倍，在旅行期間每天暴露於陽光下5小時，最後接受的總輻射強度相當於平日250天的量。

這就是為什麼辛辛苦苦防護一年，幾天不注意防曬的旅行就會讓你的辛苦付諸東流。

現在，還可以加上一個D原則，即Diet，飲食。研究發現攝入抗氧化成分，如維生素C、維生素E、維生素B$_3$、胡蘿蔔素等可以減輕日光傷害。這些營養物質的食物來源請參見第五篇。

 [小提醒]

皮膚對紫外線的其他反應

皮膚某區域接受紫外線照射後，鄰近區域的敏感度也會升高。照射面積愈大，敏感度愈高，所以全面防護很重要。

身體不同部位肌膚對紫外線照射的反應速度（敏感度）是不同的，手掌、腳掌部位是最不容易曬黑的，面部則很容易曬黑。所以要更加注意面部的防曬。

冰寒答疑　一些防曬的關鍵問題

室內需要防曬嗎？

由於玻璃就可以阻隔UVB，且根據冰寒的實地測試，晴天的一樓，室內距玻璃窗1.5公尺的非陽光直射處，UVA強度只有正午陽光的1.2%左右，並不需要特別防護。

如果是在高樓而且是晴朗的天氣，窗戶裝的是沒有鍍膜的玻璃，室內UVA強度會高一些，若是可被陽光直射，那就要相當注意防曬的問題，尤其是防UVA。若窗戶上裝的是防紫外鍍膜玻璃，即使緊貼窗戶，也不必過於擔心紫外線問題。

我認為在多數情況下，在低層室內都不需要採取什麼特別的防曬措施，除非是以下幾種情況：

（1）長時間坐在被陽光直射到的位置。

（2）距離窗戶1.5公尺以內。

（3）沒有窗簾、鍍膜等其他遮蔽設施。

高層明亮的房間，缺乏樹木和建築遮擋，天空散射更強烈，故要更注意些。

無論如何，待在被日光直射到的地方時，一定要考慮防曬。

打造完美
素顏肌
每個人都
該有一本的
理性護膚聖經

Chapter 02 | 肌膚護理基礎課

秋冬季是否需要防曬？

答案是肯定的。秋冬季時紫外線強度有所減弱，陽光也沒有夏季那麼灼熱，容易讓人放鬆警惕。在北半球溫帶地區，秋冬季UVA的強度約為夏季的50%，加上日照時間縮短、建築物遮擋面積變大等原因，人所受到的UVA輻射量約為夏天的30%，但中午前後，UVA的輻射強度仍可過超1000μw/cm²，如果經常暴露在陽光下又不注意防曬，曬黑和曬老仍不可避免。

秋冬季因為穿長袖衣服和長褲，身體皮膚能得到很好的保護，但臉部的防護不夠。許多人覺得在秋冬季撐傘、戴帽子會讓人覺得「怪怪的」，因此硬防曬也被棄用。其實，不僅是防曬，如果我們做任何事情都以別人的眼光作為判斷標準，那什麼有價值的事也做不了。我的建議是：皮膚是自己的，防自己的曬，讓別人說去吧。

對著電腦需要防曬嗎？

經測試，液晶電腦螢幕的紫外線輻射量是0，不需防曬。對著電腦，皮膚容易變得暗沉、乾燥，主要原因可能是熱輻射導致皮膚失水速度加快，以及久坐不動造成的血液循環減緩，而不是紫外線或者電磁輻射。面對電腦使用防曬或隔離產品其實沒有必要，它們也無法阻隔紅外線輻射。

陰天、多雲天、雨天需要防曬嗎？

陰天和多雲天同樣需要防曬，陰天的紫外線輻射強度可達晴天的20%～30%，多雲天則高達50%左右，這些紫外線（尤其是UVA）的強度都處於較高水平，對皮膚會造成傷害。

雨天的紫外線強度會降到晴天的5%～10%，而且撐的傘也會遮罩一部分紫外線，因此，無須再特意塗抹防曬產品。

燈下需要防曬嗎？

經過測試，常用室內光源基本的UVA輻射水平均只有數微瓦每平方公分，相對於日光的直接紫外輻射，可以忽略。即使是強烈的舞臺燈光（數十盞大功率射燈的光照中心位置），也不過50 μw/cm²左右，相當於夏天正午陽光的2%左右，也不需要特別的防護。

有研究表明，如果節能燈的螢光粉塗層有裂隙，則紫外線有可能洩漏並對體外培養的細胞造成傷害，解決的方法很簡單——加一個燈罩就可以了。比起塗抹防曬乳，這是更簡便、有效的方法。好消息是，現在已經進入LED照明時代，光線波長的控制更加精準，我們不需要再為這個問題擔心了。

為什麼塗了防曬乳還會曬黑？

原因可能有三個：

（1）目前，任何防曬乳都不可能阻止100%的紫外線，總有一部分紫外線會穿透防曬乳形成的保護膜傷害肌膚，只要皮膚受到的累積輻射量超過了變黑所需的輻射量，皮膚就會變黑。如果防曬乳的使用量不足，防曬效果也會急劇減弱，穿透保護膜的紫外線會成倍增加。

（2）如果防曬乳主要防護UVB而對UVA防護效果偏弱的話，就不能有效防止曬黑。

（3）塗抹的防曬乳被水沖掉或擦拭掉了，未及時補塗。

所以在選擇防曬乳時，一定要著重看它對UVA的防護效果。

結論：不要以為塗了防曬乳就萬事大吉，遵循防曬的ABC原則才是正確的做法。

怎樣做好曬後修復？

曬後首先應當嚴格防曬，防止紫外線繼續傷害皮膚。

曬傷後可以用涼水敷（不是冰水），若有洋甘菊純露、馬齒莧、仙人掌

打造完美
素顏肌

每個人都
該有一本的
理性護膚聖經

Chapter 02 | 肌膚護理基礎課

萃取、維生素E、綠茶、甘草等就更好了，若情況嚴重，則需要去諮詢醫生。

若被曬黑，則首先需要打消短期內變白的念頭，因為黑色素不可能在短期內消失，事先做好預防才是最佳策略。

一天曬黑，一個月能恢復已屬幸運。除了繼續防曬、吃一些抗氧化營養物質（如維生素C、維生素E、綠茶萃取、葡萄籽萃取等）外，還可以使用美白產品，但要注意看成分。甘草萃取（甘草酸鉀、光甘草定）、維生素E、茶多酚、紅酒多酚等為美白抗炎成分，有助於曬後的修復；而含有果酸（AHA）、高濃度維生素C、麴酸、壬二酸、水楊酸等成分的，則不適合曬後已經受傷的皮膚，甚至可能會加重皮膚敏感和炎症。

....

為什麼以前曬黑很容易白回來，後來就不行了呢？

黑色素合成過程中的中間產物若可被還原，就可以變成無色的，受紫外線刺激後變為真黑素後，才是持續的黑色。受紫外線刺激多了之後，黑色素就難以快速還原；人自身抗氧化能力降低，也會阻礙黑色素的消除。

另一個原因是曬黑的記憶效應，即這次曬黑之後，下一次遇到紫外線照射後，黑色素細胞會更快地反應，皮膚迅速變黑（這也是一種皮膚的適應性保護機制）。受到紫外線照射愈多，肌膚愈容易變黑，黑的時間愈長。

....

防曬乳需要每2小時補塗一次嗎？

並非任何情況下都需要每2小時補塗一次防曬乳。

主張任何情況下每2小時補塗一次防曬乳的理由是：（1）防曬成分受紫外線照射後會分解，導致防護作用下降（2）因為出汗，防曬乳被沖刷，防曬膜變得不完整，防曬力下降。

不過，現在新的技術和配方使多數防曬乳的光穩定性良好，防曬力不會因為陽光照射而很快損失，所以第一個理由沒那麼充分了。

但是，在戶外運動、野外活動出汗較多，以及在海邊、水邊等長時間接觸水的情況下，每40分鐘、80分鐘補塗是有必要的（當然，所使用防曬乳的防水性能以及是否連續出汗、是否連續接觸水也是需要考慮的原因）。如果只是普通的居家、辦公、學習環境，並不大量長時間出汗，也不暴露在大量紫外線下，中途也沒有清潔、擦掉防曬乳，就沒有必要補塗。

另一方面，研究發現許多人並沒有足量地使用防曬乳。防曬乳的標準用量是2mg/cm²，未達到此用量時防曬效果會急劇下降。故單次的使用量不足時，透過補塗可以達到足夠的用量，從而發揮預期的防曬效果。當然，如果你一次用量已經足夠了，就不需要再透過補塗來補足用量。

什麼情況下需要塗防曬乳？

如前所述，許多防曬成分可能對皮膚有一定的刺激性（其含量都有上限要求），過多使用防曬乳對皮膚是一種負擔，在沒有必要（即根本沒有紫外線輻射或者輻射量極低，或者硬防曬可以完全提供防曬保護）的情況下，就不需要再使用防曬乳。

但是在戶外活動或在野外旅遊時，要長時間暴露在大量的紫外線下，周圍沒有任何遮擋，硬防曬又不方便或不足以提供完整的保護，紫外線對肌膚造成的傷害大於塗防曬乳對肌膚造成的刺激、負擔時，那就必須使用合適的防曬乳。

為什麼外出旅遊很容易被曬黑？

在戶外旅遊時，我們會長時間活動在陽光下，去海灘、高原、大山、雪地，甚至沒有任何遮擋物的地方，這直接導致身體所受紫外線輻射量大增。

旅遊過程中人們不斷活動，非常容易出汗，汗水會將防曬乳沖刷掉，使其失去原有的防曬能力，也使肌膚更容易曬傷和曬黑。

選擇的防曬乳防曬力不強，無法提供足夠的防護，也是重要原因。

打造完美
素顏肌
每個人都
該有一本的
理性護膚聖經

Chapter 02 | 肌膚護理基礎課

在外出旅遊時必須加倍防護，才能確保平時辛辛苦苦保養所取得的成績不會在幾天內被摧毀。

為什麼過度宣傳的高指數防曬乳可能導致更多問題？

無論是多高指數的防曬乳，防曬能力都是有限的。過度宣傳的高指數防曬產品給人以心理上的錯覺，讓人以為塗了就無須再擔憂紫外線問題，於是會更長時間地活動於陽光下，反而有可能使肌膚所受紫外線輻射劑量增加。

另一個問題是，防曬係數和防曬劑的濃度是劑量依賴的，即要獲得更高的防曬係數，就會添加更高濃度、更多種類的防曬劑。而防曬劑在總體上對皮膚是種負擔。一項針對400多位受試者的調查發現，有20%的人對至少一種防曬劑產生了光敏反應[4]，這個比例是相當高的。

防曬乳是否需要卸妝？

普遍的說法是使用防曬乳後需要卸妝，以免防曬成分殘留，對肌膚造成傷害（這種宣傳側面證明了防曬乳不是用得愈多愈好），但是缺乏相關的數據來證明這種說法的合理性。採用洗面乳來洗和使用卸妝產品清潔，殘留在皮膚上的防曬劑數量是否有區別？

為此我設計了一種「紫外指紋法」檢測不同洗滌方法對不同防曬乳的清潔效果，發現絕大部分防曬乳都可以用普通洗面乳洗乾淨，無須特別清潔，包括一些防水型的防曬乳（我將這一類防曬乳稱為「生活防水」型防曬乳）。僅有少數超強防水的防曬乳需要卸妝，例如理膚寶水和佳麗寶的某款超防水防曬乳。

這個研究的意義在於：多數防曬乳無須卸妝，我們可以減少卸妝次數，避免過度清潔，從而保護皮膚屏障。但如果使用了超強防水的防曬產品，可考慮卸妝以避免防曬成分的殘留。

一定要提前30分鐘塗好防曬乳再出門嗎？

一個流行的說法是出門前一定要提前30分鐘塗好防曬乳，等防曬乳「吸收後」才具有足夠的防曬能力。

事實上防曬乳只有在皮膚表面時才能發揮作用，而且要盡量避免被皮膚吸收。進入皮膚內部的防曬劑可能導致刺激和不良反應，因此化妝品配方師一直在想方設法防止防曬劑被皮膚吸收。

但是，有研究發現，在皮膚上使用一種名為PABA（對氨基苯甲酸）的防曬劑兩小時後，它對皮膚所起的光保護作用遠遠大於初用時，因此建議提前使用以起到更好的效果。但這只是針對PABA這種防曬劑而言，目前市面上常見的防曬產品中，PABA已極少使用了。

事實是將防曬乳塗抹到皮膚後它們立即就可以發揮防護作用，所以「一定要提前30分鐘塗好防曬乳才具有防曬力」的說法並不準確。

不過，如果要接觸水，比如在海邊遊玩時，提前塗抹防曬乳，有助於形成更均勻的防護膜，防曬乳能浸潤入皮膚縫隙，附著力更好，防水性也更佳，故在這種情況下建議提前塗抹防曬乳。

拆封後一年的防曬乳是否失效不能用了？

這個擔憂主要是因為擔心存放過程中防曬劑不穩定而分解失效了。我們測試了一些含有當今主流防曬劑的防曬乳拆封後一年的紫外線吸收能力，發現與拆封時並沒有什麼區別，因而可以大體上得出結論：現在的防曬乳配方與成分的穩定性是有相當保障的，因此不用擔心拆封後一年失效的問題。但是，是否可以使用，還取決於劑型是否仍然穩定、微生物指標是否仍然合格。一般來說，一瓶30～50ml的防曬乳如果每天使用，一個月左右可以用完。如果你總是擔心一年連一瓶防曬乳都用不完，是否要檢討一下自己是不是太疏於防曬了？當然，採用了足夠的其他防曬措施的情況除外。

打造完美
素顏肌
每個人都
該有一本的
理性護膚聖經

Chapter 02 | 肌膚護理基礎課

眼部護理

　　漂亮的眼睛會說話，衰老的眼睛也會說話。眼部保養的目標，是使眼周肌膚滋潤、飽滿、亮澤，延緩皺紋出現。

　　60.8％的人最先出現皺紋的部位是眼角，其次為前額與眶周，有20％的人在20～25歲就開始出現皺紋了（據中國協和醫院皮科張潔塵、陳祥生等），這是因為眼部的皮膚是：

　　・全身暴露在外的皮膚中最薄的（所以容易受到損傷）。

　　・活動最頻繁的（所以容易因肌肉反復牽拉而導致表情紋產生）。

　　眼眶周圍區域是凹陷的，若用手掌抹臉塗護膚品，眼眶周圍非常容易被忽略，所以對眼部進行特別護理，也是保養肌膚的必修功課。

手掌塗抹盲區

▌ 聰明塗眼霜

保濕性能良好的眼霜（或凝凍、能代替眼霜的面霜），能使眼部肌膚保持潤澤，在肌膚滋潤的情況下，因乾燥而起的假性皺紋也會變淺甚至消失。

使用方法：塗完精華後，每隻眼取綠豆大的眼霜，以無名指指腹輕輕點、按。若有抗皺、保濕的特別需要，可在眼霜前先使用恰當的眼部精華素。

塗抹時的按摩能促進眼周血液循環，也是一種良好的護理。

手法：塗眼霜應使用輕柔的手法，輕輕點彈或打圈按摩，避免過度用力拉扯皮膚。

方向建議：上眼瞼由內眼角開始向太陽穴進行，然後再從太陽穴向內眼角進行。這個方向正好是眼周靜脈回流的方向。

▌ 眼部按摩

眼部肌膚血管和神經密布，還有很多重要的淋巴管、穴位。每天花幾分鐘按摩一下，能緩解眼部疲勞，亦能促進血液和淋巴液循環、保養肌膚。

按摩方法：洗乾淨手，塗上按摩油或霜以減少摩擦，再進行按摩。動作宜輕，以平推和點彈為主。用眼霜時順便按摩一下，可謂一舉兩得。

按摩位置與方向圖解

▌ 眼部細紋從哪裡來

眼部細紋是任何人都不願意看到的，它的出現與多種因素有關。

· 表情動作：眼部細紋與表情動作關係密切，眼部肌肉活動牽拉皮膚，形成表情紋。誇張

打造完美
素顏肌
每個人都
該有一本的
理性護膚聖經

Chapter 02 | 肌膚護理基礎課

的笑容、經常擠眼、眉頭緊鎖神情凝重,眼周肌肉群不斷收縮、運動,就會導致皺紋固化、加重。要減少眼部皺紋,應當避免誇張的眼部表情動作和不必要的眼部動作。開心快樂、坦然平和,能夠防止部分表情紋出現。

‧防曬:如果眼周沒有做好防曬,紫外線導致光老化,會使彈性纖維異常沉積,皺紋固化。防止眼部皺紋加重,防曬極其重要——你需要一副非常棒的墨鏡。

‧按摩方法:如果按摩方法不當,也可能使皺紋加重。

‧近視:近視會促進眼部皺紋形成,因為近視者為了看得更清楚,會努力收縮眼周的肌肉,形成瞇瞇眼,這種動作也會讓眼周皺紋出現得更早、更多。要注意保護視力哦!

‧衰老:到一定年齡後,隨著真皮的萎縮,皮膚飽滿度下降,眼部會出現凹陷,皺紋也會加重。注意補充膠原蛋白、維生素C等,可以減緩皺紋的出現,避免皺紋加重;也可透過注射填充解決,例如注射玻尿酸或膠原蛋白。

[小提醒] ━━━━━━━━━━━━━━━━━━━━━━━━━━━━━━━━━

近視間接造成色斑

近視不僅會促進眼部皺紋的形成,而且眼鏡鼻托的長期壓力還會導致色斑。在鼻托接觸鼻樑的兩側,常常有兩個深色的區域,這與該區域皮膚長期受壓有關——壓力和摩擦會導致黑色素增多。

建議保護視力,盡量減少佩戴眼鏡。

仰睡更有利於減少皺紋

一篇名為《睡姿對面部皺紋的影響》的論文稱:單側睡姿可顯著增加面部皺紋。側睡時,眼眶脂肪呈現出不規則的輪廓,眶周骨骼部位更加明顯。下眼瞼中凸、眼眶顯得更深。鼻骨架、軟骨框架和軟組織的形狀也被改變,魚尾紋也更多、更深。從理論上講,仰睡更有利於減少皺紋。

密集護理

密集護理（intensive care），是指不一定是人人都必需的、不需要每日都進行的非常規性護理，具有特定目的或即時效果。這些護理會使用特定的方法、產品或材料，過多使用可能造成皮膚損傷。

常見的密集護理措施有三種：面膜（眼膜）、去角質和「深層清潔」。

▎ 面膜和眼膜

面膜和眼膜的作用原理相同，所以合併介紹。由於剪裁的關係，面膜無法照顧到眼部凹陷區域，因此的確有必要使用單獨的眼膜做眼周肌膚護理。此處所說的面膜是指常見的片狀面膜、膏泥狀面膜等以滋養肌膚、促進吸收為目的的面膜。

面膜利用了醫學「密封治療」原理，採用紙膜或者厚的膏（霜）體，使局部皮膚保持較高的溫度和濕度，從而軟化角質，加速有效物質滲透，達到護理的目的。在使用完面膜後，皮膚角質層含水量可立即提升，皮膚濕潤柔軟、透明度變高，即時效果明顯，因此許多人迷戀甚至依賴面膜。

但是，面膜作為密集護理措施，過度使用或不當使用會對肌膚造成傷害。正常情況下，面膜的使用建議如下：

打造完美
素顏肌
每個人都
該有一本的
理性護膚聖經

Chapter 02 | 肌膚護理基礎課

・放棄對面膜的幻想。面膜短暫的停留時間難以在抗老、美白、保濕等方面持續起效，抗老、美白、保濕需要全方位護理，不能單純依賴面膜。

・一般面膜敷貼時間通常在15分鐘左右，敏感肌更要減少至10分鐘以內。只有使用特殊載體的水凝膠面膜可以整夜使用。

・健康肌膚每週使用面膜建議不超過3次（是指各種類型的面膜總數，不是指某種單一類型的面膜）。

・敏感肌要少用面膜，尤其是含防腐劑種類多、刺激性大、香精含量高的面膜。為敏感肌專門設計的面膜亦應適量使用。

過度使用面膜，肌膚很受傷

每天做面膜可能會損傷肌膚。多數人連續使用面膜第一週時，皮膚狀況顯著改善，但是，若繼續保持每天一片面膜的使用頻率，皮膚反而會變差。這是因為高頻率使用面膜，將會使皮膚變得「過水合」，就好比一堵牆整天浸泡在水裡，吸水過度，其自身結構早晚會被破壞。一些配方不合理的面膜，頻繁使用就更加不利於皮膚了。如果有人說自己的好皮膚是每天使用面膜的結果，這種說法很值得考證。

需要強調的是，即便是具有急救修復作用的面膜，也不宜連續使用五天以上。

[小提醒]

每天敷3分鐘化妝水可以嗎？

這是日本美容大師佐伯千津主張的方法，和我的主張不矛盾。敷面膜時間每次長達15分鐘，頻繁的密集護理會導致角質層過水合而受損。但每天1次，每次3分鐘，做5次才等於15分鐘，不至於造成損傷，所以這種方法是可以的。

但我仍不建議敏感肌經常這樣做，除非帶有「治療」性質。

每次敷貼面膜時間過長也屬於過度使用面膜的行為。不少人敷著面膜就睡著了，以為這樣很舒服、面膜滋養時間更長。其實這樣做是不正確的。我曾經接到過一例求助，一位女士敷面膜過夜，晨起後皮膚癢、發紅、起疹——這是長時間敷面膜導致的典型結果：

（1）片狀面膜先密集補水，導致角質層過水合、鬆解，保水力減弱。

（2）體溫加熱面膜使其逐漸變乾，面膜開始從皮膚吸收水分及NMF（天然保濕因子）等天然自有保濕成分。

（3）皮膚失水過速，角質變乾翹起，所以會起毛刺、瘙癢，甚至發紅、起疹。

根據膚質選面膜

乾性膚質：秋冬季節較為乾燥，建議選用滋潤度較高的膏霜狀面膜，減少泥漿類面膜的使用。膏霜狀面膜油分含量較高，能給乾性肌膚帶來更多的保護。

油性肌膚：可適度使用軟膜粉、泥漿類面膜，一方面可以幫助吸附肌膚中過量的油脂，另一方面也有助於肌膚的深層清潔。但是使用頻率依舊不要過高。混合性皮膚可在T區使用這類面膜，V區則不要使用。

敏感肌膚：敏感肌使用面膜時，要特別注意。敏感肌是損傷性肌膚，角質層已經很薄了，皮膚屏障已經受損，神經反應性高，在面膜作用下，因皮膚水合作用加強，皮膚耐受度會進一步降低，某些乳化劑、防腐劑、香精對肌膚的刺激會增強，皮膚屏障會進一步受損。因此，敏感肌挑選面膜時應當選擇成分簡單、具有鎮定舒緩效果的、肌膚不會感到刺激的，若配方中含有類似尿囊素、甘草酸二鉀、紅沒藥醇、仙人掌、馬齒莧、洋甘菊等抗敏成分則更加完美。

冰寒提醒》

敏感肌每次敷面膜以10分鐘左右為宜。敏感肌更適合使用片狀面膜，要避免使用軟膜粉、撕拉式面膜等對角質層有清理作用的面膜。

中性肌膚：選擇面膜沒有更多特別的講究，只要參照乾性和敏感肌膚的標準挑選膚感良好的面膜即可。

打造完美
素顏肌
每個人都
該有一本的
理性護膚聖經

Chapter 02 | 肌膚護理基礎課

[**小提醒**]

醫美面膜

　　客觀上，醫美手術（包括雷射、光子、果酸換膚等）之後，皮膚屏障損傷，需要一類能夠促進皮膚修復的產品，其作用重點不在於上藥、抗感染，而在於抗炎、舒緩、維持一個濕潤的環境並促進皮膚屏障的修復，若有可能，能防止炎症後色沉（這是許多醫美術後非常重要的問題），那是極好的。但現有醫療器械中並沒有這一類產品，上述功能一直都是由化妝品來提供的，因此，這樣的需求只能從化妝品中去尋找答案。於是，醫藥界和化妝品界聯合，針對此類需求開發出了具備上述功能的醫用敷料，也就是「醫美面膜」。

　　市面上不乏一些不錯的產品，長期在醫院行銷。廠商與皮膚科醫生溝通甚密，能夠按照醫生提出的意見、臨床使用的效果回饋等優化產品配方，盡可能減少刺激性、致敏性成分，以合理的功效成分和配方盡可能達到輔助治療目的。有的品牌甚至使用輻射滅菌、無菌工廠，實現無防腐劑添加，其產品在臨床上因刺激性低、促進修復效果好而受到肯定。

　　醫美面膜是適應醫美手術需求而開發的產品，其主要功能是促進修復、抗炎、防止色沉，要求是溫和、低刺激、低致敏性。它有優點，也有一些不足，不足恰好是因為優點的需要，比如，要溫和，就不能下「猛藥」。當然，也有一些產品並沒有什麼特點，只是借著這個市場的東風去賺錢，今後隨著管理趨緊，這類產品將有可能逐步減少。

去角質

去角質的目的是什麼？

　　如前所述，皮膚表面有一層重要的保護層——角質層。角質層在某些情況下會增厚，這可能會導致如下後果：

- 皮膚看起來硬、脆，不夠柔軟、透明，膚色發黃。
- 皮膚外層缺水，可能會起皮、脫屑，容易皸裂。

　　此時將多餘角質去除，可以讓肌膚立即獲得明顯改善，變得光彩照人，但也正因如此，去角質產品更容易被濫用。

角質層為什麼會變厚？

導致角質層過厚的主要原因有三種：

· 內源性衰老：當人衰老到一定程度時，角質層會變厚。原因是新生細胞的更新速度變慢，所需時間大約為年輕時的兩倍。

· 外源性損傷：長期的摩擦、日光照射，會使角質層異常增厚。

· 某些疾病：比如毛周角化症、缺乏維生素A等，會導致局部角質層過厚，引發毛孔堵塞、色素沉積。

怎樣去角質？

常用去角質方法有如下幾種：

· 物理摩擦：使用磨砂顆粒、化妝海綿、化妝棉片等對皮膚反復摩擦，使用鹽或糖等硬顆粒搓鼻子，甚至用浮石刮搓（僅用於足跟等角質極厚的部位）等，均屬此類。

· 撕拉剝落：將膠質塗在皮膚表面，形成膜之後揭開，利用膠膜的黏力把表層角質層剝落，常用的膠狀撕拉式面膜、鼻頭黑頭貼均屬此類。脫毛蜜蠟紙、橡皮膏藥也有類似效果。

· 化學剝脫：利用酸，主要是果酸（AHA）、水楊酸等軟化角質，使表層細胞凋亡脫落。從木瓜、鳳梨等提取的蛋白酶也可實現剝落效果。

什麼樣的皮膚需要去角質？

從業十餘年來，我接觸到不少女性因為擔心「角質層太厚而堵塞毛孔、影響護膚品的吸收」，所以非常勤懇地去角質，甚至將其當作日常保養方法頻繁使用。

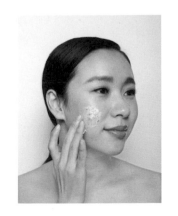

去角質的效果是立竿見影的：角質層變薄後，皮膚透明度升高，變得晶瑩剔透、柔軟有血色（因為真皮層血管外露），看起來吹彈可破、細嫩年輕。也正因如此，很多人就認為角質去得愈多、愈勤愈好；有些美容院也為了追求這種立即變臉的效果而樂於採用去角質的產品和方法做「護理」。

我們已經知道，角質層具有非常重要的保護作用，角質層被剝得太薄，保護能力減弱，皮膚容易失水、乾燥，外來刺激

打造完美
素顏肌
每個人都
該有一本的
理性護膚聖經

Chapter 02 | 肌膚護理基礎課

因素也容易刺激和傷害皮膚，加速皮膚衰老。

在我看來，正常皮膚並不需要特意定期去角質，角質層有自己的更替週期，過度去角質會造成肌膚損傷、敏感，並因肌膚防禦力降低而引發炎症等繼發性問題。

我們必須認識到：角質異常有可能只是表象而非本質，此時去角質也只是治標不治本（比如紫外線導致角質過厚，本質解決方法是防曬）；角質過厚時可以去角質，但也不能過度。

冰寒提醒 》

只有適合的人、適當地去角質才能達到既不損傷肌膚的健康，又能夠使肌膚更美的效果：

· 決定去角質之前，先要判斷自己是否適合去角質。

· 無論使用哪種方法，只要肌膚出現任何不適，應立即停止。

· 正常肌膚一個月去一兩次就可以了，乾性、敏感性、發炎肌膚不需要去角質，混合性肌膚僅適合在T區適度去角質。

· 臉上容易起皮屑，很可能是脂溢性皮炎，並非「老廢角質」過多。去角質對改善此種情況毫無幫助，需要解決導致脫屑的疾病。

💡 冰寒答疑　**關於去角質**

我是敏感肌膚，皮膚毛糙、起疹，需要去角質嗎？

敏感肌摸著粗糙不是因為角質過多，而是角質損傷、起毛造成的。採用修復、保濕措施，避免刺激，才能讓皮膚重新變得光滑。此時去角質只會讓肌膚更受傷。

敏感肌起的疹子，如果有膿，可能是繼發了細菌感染；若是紅色或白色、個頭較小，不化膿，則極有可能是受到了刺激後所起的丘疹，而不是普

通「痘痘」。

　　總之，敏感肌不可能角質過多，也不需要去角質。

　　脂溢性皮炎的皮膚出現脫屑現象，目前研究認為可能主要和馬拉色菌有關，而不是角質過多脫落引起的。遇到這種情況應當進行對應的治療，盲目去角質於病情無益，甚至會讓病情加重。

....

　　用去角質膏／凝凍能一下子搓出來很多東西，那是角質嗎？

　　只有一小部分是角質。如果一瞬間就搓出這麼多角質，皮膚會受到極大的傷害。這類產品添加了一些不穩定的膠質（如聚丙烯酸樹脂類），碰到汗液和皮膚表面的帶電離子或者 pH 值改變時即凝絮搓泥。這種設計用於增強視覺效果，打動消費者，幫助銷售。當然，這類產品中本身也會添加其他去角質的成分，達到去角質的效果，只不過透過這種方法讓你「眼見為實」，會顯得效果更加明顯。

深層清潔

　　用磨砂顆粒、粉體、卸妝油、海綿等配合清潔產品，強力清潔肌膚的方法，被稱為「深層清潔」。這些方法的「深層」其實並不深，只是相比較於用手和洗面乳清潔皮膚，能夠在清潔類護膚品的清潔作用之外，借助機械摩擦力增強清潔力，還會一定程度上去除表層的角質。若過度使用，將會對皮膚屏障造成損傷。

　　深層清潔可用於過油、角質偏厚（如「雞皮膚」）、黑頭皮膚的護理，適當使用具有良好的效果。

　　卸妝油或其他卸妝產品對油分有非常強的清潔力，能夠清除黏附力強的油性污垢，同時也會洗脫皮膚自身的天然油脂甚至細胞間生理性脂質，如果再加上機械摩擦力，損傷會進一步增加。在未化妝的情況下，不建議頻繁使用卸妝油。事實上我也一直建議盡量避免過於濃重的彩妝，因為這不可避免地要每天卸妝，並且傷害皮膚。

打造完美
素顏肌
每個人都
該有一本的
理性護膚聖經

Chapter 02 ｜肌膚護理基礎課

　　深層清潔建議每週不超過兩次，中性、敏感性和乾性肌膚則完全不必採用。混合性肌膚僅
適合在T區使用。

冰寒答疑　　關於二次清潔

　　用化妝棉沾化妝水可以進行「二次清潔」嗎？

　　使用化妝棉和化妝水進行「二次清潔」或「深層清潔」的方法一度流
行。有的人甚至早晚都會使用，這種過度清潔的行為很容易導致皮膚屏障受
損。我曾設計了實驗對此進行驗證。
　　肌膚本身就很脆弱、有過度護膚傾向的人，請避免使用化妝棉＋化妝水
來做所謂的「二次清潔」。

　　化妝棉會傷害皮膚嗎？

　　化妝棉是否會對皮膚造成傷害，取決於化妝棉的用法。如果是輕輕沾、
敷，沒有摩擦，就不會造成傷害。如果是經常摩擦或者用力過猛，則傷害幾
乎是必然的。

第三篇 03
看透護膚品

打造完美
素顏肌
每個人都
該有一本的
理性護膚聖經

Chapter 03 | 看透護膚品

重新認識護膚品

▌ 理性對待護膚品

不能理性地對待護膚品，你就無法駕馭護膚品，而會成為護膚品的奴隸。很多人對護膚品抱有不切實際的幻想，認為所有的皮膚問題都可以通過護膚品來解決，甚至可以快速解決。這可能會讓你：

· 輕信廣告：廣告一給出讓你心動的承諾，就立即傾囊而購。

· 缺乏耐心：皮膚狀況的改善不會在一夜之間實現，如果缺乏耐心，即使用了正確的護膚品，你也可能等不及它發揮作用的那一刻。

· 不滿意和盲動：因為不能正確認識和使用護膚品，所以即使使用了適合的產品，很可能也得不到滿意的結果，於是迅速地更換品牌，不斷更換，花了很多錢，結果卻仍然不滿意。

· 延誤醫學處理的時機：護膚品不是藥品，它與藥品之間的界限決定它不可能代替藥品。許多人明明已經有皮膚病了，還幻想用護膚品來解決，而不是早點求醫，結果肌膚問題愈發嚴重，還會錯過最佳的醫治時機。

也有一些人認為護膚品純屬廣告噱頭或心理安慰，實際上毫無用處。這也是片面的觀點。

理性對待護膚品，需要正確認識護膚品以及護膚品與皮膚之間的關係——傾聽肌膚的聲音，給它想要的，並且要用對方法，這樣才不浪費金錢、不損傷肌膚，更不會浪費寶貴的青春

年華。

選擇和使用護膚品的四個原則

1. 安全

安全第一，即使不能讓皮膚變得更好，也不要對皮膚造成傷害，這是選擇護膚品最基本的要求。若你對護膚品的期待如下，就特別容易受傷：

· 迫切地追求功效：追求功效的心情愈迫切，護膚就愈不理性。改善肌膚的願望過於強烈，以至於滿腦子都被「管它的，先用了再說」的想法占據，這時候你極有可能陷入虛假宣傳和不安全產品的陷阱。

· 只注重產品：護膚品的安全性不僅體現在成分和配方中，還體現在使用方法上。一個好的產品，若未能正確使用，仍然可能對皮膚造成傷害。

2. 有效

選擇那些具有良好配方和優秀膚感的產品，而且要有針對性。有很多痘痘肌女性向冰寒求助，可是當我問她們使用過何種去痘產品時，相當一部分人竟然回答：「沒有用過什麼去痘產品，都是隨便用用。」沒有選擇正確的去痘產品，痘痘當然不可能自動消失。

3. 可信

可信的產品不會進行誇張的宣傳，成分表會進行清楚正確的標示，不會濫用自造的英文縮寫名詞，不會將自己虛構成國外品牌，也不會向消費者做出不切實際的承諾。

4. 高性價比

在一定範圍內，受限於成本，護膚品的價格與效果是有相關性的。若是太便宜或太貴的話，就要考慮你是否有必要為此付出寶貴的血汗錢。

有一些護膚品並沒有什麼有效的成分，也沒有什麼特別的配方，只是在視覺上做文章，但是賣得很貴；還有一些護膚品賣得極其便宜，分析一下它們的成分和成本構成，也不可能有什麼效果。此類都屬於低性價比產品，不值得購買。

打造完美
素顏肌
每個人都
該有一本的
理性護膚聖經

Chapter 03 | 看透護膚品

[小提醒]

虛構國外品牌的常見做法

　　用較大的字體標注一個大名頭，如法國XX公司，遠東（香港、亞太、大中國區）分公司（控股有限公司、總部），再用極小的字標注國內的實際生產地。包裝上中英文混雜，但常常免不了有許多不專業的英文或者拼寫、語法錯誤。

爆紅產品賺錢的小把戲

　　如今，網路購物發達，市場競爭也很激烈。一些牌子會推出非常廉價的產品，賦予產品一個很誘人的概念，再以極低的價錢出售，透過平台網站、團購網站、微博等大力宣傳，快速賣完一票後改頭換面。是不是似曾相識？

　　還有一些產品，利用社交平台，聯繫一些明星發布產品資訊，再冠以「泰國」、「瑞士」等國家名，許諾以「立即美白」等效果，標上很高的價格，一夜之間在網路上爆紅。這種快速走紅的產品值得仔細考察。比如有個號稱泰國「童顏神器」的產品一度紅遍大江南北，後來被《焦點訪談》揭露其實是地下加工廠製作的。

▎你需要知道的護膚品名詞

護膚品和彩妝品

　　護膚品和彩妝品都屬於化妝品（cosmetics），但是兩者的作用機制完全不同：護膚品（skincare）以滋潤、修復、防護、抗氧化等機制維護或改善皮膚本身的健康和狀態；彩妝品（make-up／color cosmetics）以修飾、遮蓋為手段達到快速、臨時改變皮膚外觀的目的。

　　大部分彩妝品都應適度使用，一些問題性肌膚更應避免使用。

　　有些遮蓋性產品具備了保濕或某些護膚功能，成為跨界產品，如BB霜等，但從經驗來看，有痘、敏感、損傷或過敏狀態下的肌膚仍應謹慎選擇。

藥妝

藥妝（cosmeceuticals）是指具有一定功能性的護膚產品，更應叫做「功能性護膚品」，也有的稱為「醫學護膚品」。藥妝並不是一個嚴格的護膚品分類，某些品牌將銷售地點限制在藥店中以體現其專業性，從而把自己稱為「藥妝」。解決肌膚問題並非一定要選擇在藥店銷售的「藥妝」，它們的效果未必比非藥店管道銷售的產品更好。

不過，很多功能性護膚品在設計目標上與傳統護膚品確實有一些不同，比如：盡量少添加刺激性的成分、成分相對簡單、添加功效性成分、多數不含香精、盡量減少乳化劑，有的還會做人體安全性和功效性試驗等。但不在藥店銷售的部分產品，或者不宣稱自己為藥妝的產品，也可能會這麼做。

我認為藥妝代表了一種以科學為基礎的配方流派，但在市場中有時也可能只是一種行銷概念，產品是否有功效並不取決於它是否自我宣稱為「藥妝」，而是它的配方。我本人有幸擔任《藥妝品》中文第三版主譯。在該書出版後，藥妝一詞頗引關注，但業內人士並未就藥妝的概念達成一致，我嘗試著給藥妝下了一個定義：

以皮膚的生理機制為基礎，合理採用具有活性成分和科學基礎的配方，能夠影響皮膚的結構與功能，從而真正改善皮膚品質的化妝品，其效果具有客觀評估的依據。

天然護膚品

天然護膚品是一個相對的概念，幾乎沒有100％為天然成分的複合配方護膚品（天然乾粉或固體類、有自我防腐性的精油、蒸餾滅菌過的純露等除外），即使是純蘆薈汁也可能有少量的防腐劑。各種乳、液、膏、霜等不太可能是全天然的，最多是主要或部分是天然成分，或者使用了天然成分的衍生物。事實上，「天然」也未必最佳，如天然維生素C價格高昂而且不穩定，所以護膚品中常用維生素C的衍生物，雖然屬於人工合成成分，但更安全、穩定。這樣的例子很多。

當然，在產品中盡可能使用天然的原料，有利於環境保護，也可能讓產品更安全、更有效，但作為消費者應當區分號稱「天然」的護膚品到底是真天然還是徒有天然的概念。

植物護膚品

與「天然護膚品」相似，護膚品很難做到完全是植物成分，即使勉強做出來，可能在氣味、穩定性、膚感等方面也無法被使用者接受。所以不需要過度注意護膚品是否為純植物產

打造完美
素顏肌
每個人都
該有一本的
理性護膚聖經

Chapter 03 | 看透護膚品

品。但是，植物中萃取出來的許多天然成分正在安全性和效果上顯現出巨大潛力，我認為，植
物成分為護膚品的未來提供了極多的可能。

無添加

　　一般認為：「無添加」是指不添加香精、色素和防腐劑，因為這些成分可能有一定的刺激
性和致敏性，有一些品牌還將無添加的範圍擴展至「無酒精、無礦物油、無Parabens（尼泊金
酯類／對羥基苯甲酸酯類）」等。

　　護膚品不添加香精是完全可以做到的，只是產品可能不太好聞，有些人會不習慣。不添加
防腐劑則多指不添加化妝品原料目錄中所列的常規防腐劑，並不代表護膚品中一定沒有任何有
防腐作用的成分，比如使用某些天然具有抗菌作用的成分（如精油、鹽、苦參素、酒精等）或
具有抗菌能力的保濕劑等。由於此類產品防腐力相對較弱，因此一般用小劑量膠囊、真空瓶包
裝等。

　　總的來說，我認為無添加護膚品是一個有價值的方向，對於兒童、敏感肌膚人群和低耐受
性人群很有意義，但是無添加也對護膚品的配方、生產形成了限制。其實，正常皮膚不一定要
苛求無添加，合理、穩定、對皮膚友好的防腐體系是更為現實的選擇。

思考

無添加或許比我們想像的重要？

已有研究表明，皮膚表面的微生物之間、微生物與人體之間形成了一種微妙而平衡的生態系統。當平衡被破壞時，就可能引發一些皮膚問題。暫時還不知道防腐劑對於這個系統的影響。如果防腐劑抑制了有害微生物的同時也殺滅了有益微生物，對人體而言就是損失。有害的微生物之間也有互相競爭和平衡的作用。如果打破了平衡使得某些有害微生物失去了競爭者，也可能會引發皮膚問題。

微生物與人體免疫系統之間也有互動關係。如果沒有微生物存在，免疫系統不能得到必要的「訓練」，「敵我」識別能力弱，會引發不必要的免疫反應，例如特應性皮炎等。

從這些角度來看，在我們不知道如何促進皮膚微生態平衡之前，無添加護膚品或許比我們想像的重要。

打造完美
素顏肌
每個人都
該有一本的
理性護膚聖經

Chapter 03 | 看透護膚品

對於護膚品的效果
應該有怎樣的期待

▌護膚品的效果肌膚說了算

認為護膚品無所不能，或者「一無是處、無非是一個心理安慰而已」的看法都很極端。護膚品具有明確的護理作用——正確護理和疏於護理的皮膚，狀態完全不同，即使天生麗質，也需要護理。所以不要想完全擺脫或單純依賴護膚品，這兩種做法都不會收到滿意的效果。我們應該關注的是：怎樣根據自己的情況選擇適合的護膚品，避免使用不適合、有害、錯誤的產品或方法。

護膚品的耐受性和效果極限

有些人使用護膚品初期能看到明顯的效果，後面的效果就不那麼明顯。這通常被描述為人體對產品產生了「耐受性」。其實這是正常情況，其原因可能來自三方面：

· 自己習慣於皮膚更好的狀態了，如蘇東坡所言，「入芝蘭之室久而不覺其香」。

· 皮膚不可能無限制地變好，總會有極限。愈接近極限，改善的餘地會愈小。

· 某一種肌膚狀況是由多個影響因素控制的，如果你只改善了其中的一部分因素，另一部分卻沒有加以改善，效果可能也不理想。例如：拚命使用美白護膚品，卻不能很好地防曬，肌膚美白的效果就始終不能令人滿意。

護膚效果為什麼會反彈？

使用某些產品或方法後，皮膚狀態很快變好了，但停用之後，皮膚狀態在短時間內急劇變差，甚至比使用之前還要差，即護膚效果反彈。

引起快速反彈的多是違法添加了某些激素或重金屬的速效護膚品，尤其是添加了激素成分的產品——如果不用它就會反彈，形成激素依賴。這類護膚品並不少見，需要保持高度警惕。

若停用護膚品後，護理效果逐漸減弱則屬正常。因為皮膚會自然、持續地老化，必須持續保養。就像吃飯一樣，因為人會持續變餓，所以不能指望吃一頓飯後就可以永遠不餓。

關於速效美容

護膚品的見效時間視其功能而定。

- 可以立即看到效果的：清潔、補水、潤膚、保濕、防曬類。
- 不可能立即見到效果的：淡斑、美白（除非遮蓋）、去痘、抗皺、修復等。

人人都追求快速的美容效果，於是就有不法商家迎合這個心理，開發了許多不安全的速效護膚品或方法，例如：含抗生素或激素的去痘產品、含汞或激素的淡斑產品、含氫醌或汞的美白產品，以及美容院強烈的去角質「護理」等。

強烈建議大家不要盲目追求速效，而應該尊重皮膚的自然代謝規律，以免皮膚受到傷害。

怎樣看待護膚品的刺激性

護膚品的刺激性是相對的，不僅與產品的成分、濃度有關，也與肌膚自身的狀況有關。

一些成分的確更容易產生刺激，例如低元醇類（最常見的如酒精、丙二醇）、揮發性物質（如香精、植物精油）、酸類（如乙醇酸）、某些抗菌防腐劑類等。

許多功效性成分也可能在濃度足夠高的情況下對皮膚產生刺激（如維生素C），所以不能離開濃度談刺激性。

另一方面，皮膚在損傷、角質層太薄的情況下會更容易受到刺激。比如水是非常溫和的，若皮膚破了，即使噴上純水也可能感到刺痛。所以，如果你使用很多種成分並不刺激的產品也感到刺激，則必須檢討肌膚本身是否已經損傷。

打造完美
素顏肌
每個人都
該有一本的
理性護膚聖經

Chapter 03 | 看透護膚品

[**小提醒**] ━━━━━━━━━━━━━━━━━━━

單純性刺激和過敏是不同的

兩者都可能有熱、痛、紅等現象，但兩者產生的原因與特徵並不相同。

受到直接的化學、物理刺激（如酸、熱、冷、風）時，皮膚會立即感到辣、痛，開始發紅，這就是單純性刺激，這種刺激是一時性的。當這些刺激因素消除之後，刺激感會很快消失。造成這種刺激的主要途徑是神經感受。

過敏則是一種免疫反應，有免疫細胞和因子參與，通常只發生於特定的人對特定的物質，就化妝品而言，通常在接受致敏物後至少過幾個小時或幾天才會發生，脫離致敏因素之後症狀也不會立即消失，這與個人的遺傳特質有關。

頻繁出現單純性刺激，應當檢討自身的肌膚健康狀況，注重肌膚修復和保護；而出現過敏，則必須排查致敏原並避免再次接觸。

皮膚受損的情況下，致敏原會更易滲透入皮膚內部，過敏概率會升高。

▌護膚品能被皮膚吸收多少？

關於護膚品的吸收，有兩類極端的觀點：

· 一類是許多商家宣傳的「直達真皮」、「瞬間滲透」，甚至「微整形」。

· 另一些人懷疑護膚品是否能夠被皮膚吸收而發揮作用。他們認為皮膚非常牢固，護膚品很難被吸收，即使被吸收也是非常微量的水準，而微量的吸收不足以發揮作用，所以護膚品根本沒什麼用。

冰寒認為，以上這兩種觀點都有失偏頗。關於護膚品的吸收，有五個基本觀點：

（1）皮膚可以吸收護膚品。吸收的極端例證是：經皮吸收中毒。這只能發生在真皮層以下，所以是最明顯的吸收。

（2）不是所有的護膚品都需要吸收後才產生作用。

（3）吸收速度過快並沒有任何益處，反而會對肌膚造成傷害、刺激。因此，請不要追求或相信「瞬間吸收」並為此花大錢。

（4）皮膚堅固，吸收量少，不代表護膚品沒有作用。許多物質只要極微量就可以發揮顯著效用，例如各種維生素、微量元素、活性生物因子等。

（5）吸收有層級。一般來說吸收是指進入皮膚內部，但內部的概念很廣泛：有的是滲入表皮細胞之間，有的是進入表皮細胞內部，有的是進入真皮層，有的是進入毛囊內。淺層吸收的成分也可以發揮作用。

護膚品不是一定要被吸收才能發揮作用，簡單來說，清潔、補水、潤膚、保濕、防曬類的產品都無須吸收，只需要在皮膚表層就可以發揮作用。防曬劑若是被吸收，反而可能會引起不良反應。

皮膚吸收是一個複雜而緩慢的過程，而且不容易被感知。平時我們感受到的一般是「貼膚性」，比如護膚品塗在皮膚上很快就感覺不到了，這只能說明產品的貼膚性好而已。

有些女性在塗了護膚品後覺得油膩，就會說「很不容易吸收，東西不好」，其實事實可能完全相反。比如：水是不容易吸收的，但是天然脂類比較容易吸收，而礦物油則不會被吸收。許多含有豐富營養的產品都需要添加油分以滿足吸收性、滋潤性的要求，除此之外，油還可以讓營養成分逐步釋放（緩釋），使皮膚得到長時間的滋養。所以，不要認為看起來油的產品等同於不好的產品。

在描述護膚品的使用感受時，我建議多用「貼膚性」這個詞，避免用「吸收性」，以免誤導他人。

[小提醒]

快速吸收的假象

有一些產品中會添加較多的醇類、環狀矽氧烷類，這類成分在體溫作用下會快速揮發，讓你感覺「吸收很快」。

打造完美
素顏肌
每個人都
該有一本的
理性護膚聖經

Chapter 03 | 看透護膚品

看懂護膚品成分表

▌護膚品成分解讀

　　護膚品有多種形態（劑型），不同的呈現形態有的是為了方便使用，有的則是讓產品有不同的概念。在這眾多的形式背後，其實際成分有著共同的特點：除了純固體的粉末（如面膜粉）、結晶體（如鹽）之外，無論形態如何變化，其組成都可以分為水、油或水油混合。

　　水和水溶性成分，被稱為水相，常見的有各種爽膚水、精華液；油和油溶性成分，被稱為油相，例如各種精油、浸出油、按摩油、蠟類、礦物油、動植物油類等。

　　護膚品可以是單純的水相，也可以是單純的油相，最常見的是水和油混合在一起的乳、霜、膏。

　　上述不同的產品基本形態，加以不同的包裝形式和輔料，可以做成噴霧、慕斯、片狀面膜、膠囊、凝凍等最終形態。產品的形態不同，主要是為了方便使用或保存，不會從本質上改變其使用效果（但可能影響產品的作用效率）。

　　構成護膚品最基礎的油相、水相成分稱為基質，一個完整的護膚品還可能需要添加以下成分：

　　（1）功效成分：有特定功效的成分，例如保濕、美白、淡斑、收斂、舒緩、防曬、軟化角

質等等。

（2）防腐和抗氧化成分：防止細菌、黴菌繁殖，以免產品在保存期間腐敗；或者防止油脂類的氧化（這對天然油脂特別重要）。

（3）乳化成分（表面活性劑）：如果產品是水、油混合的，必須添加乳化成分。

（4）修飾成分：香精、色素類，改善顏色和氣味，讓產品更討人喜愛。

了解上述知識，是看懂護膚品成分的基礎——如果今後你願意學習一點這些知識的話。

[小提醒]

水和油是怎麼混合起來的？

如果將油和水放在一起，油通常會浮在水面，也就是油水會分離。為什麼護膚品中油和水並不分離呢？

這要借助叫做表面活性劑的物質。表面活性劑又叫乳化劑，它們可以改變油、水交界處的表面能，使油滴均勻分散在水中，或者讓水分布在油中，這就是常說的乳化。

乳化體通常並不穩定，需要加上適當的增稠劑，讓混合體保持一定的黏度（可以把增稠劑理解成一張網，將分散後的油滴和水滴固定在不同的網格裡），就可以使水、油在加熱、震盪、靜置等條件下，仍然保持均勻分散。

有人認為，乳化劑並不是對肌膚友好的成分，它們可能會破壞皮膚正常的皮脂膜，導致皮膚中的天然油脂更易流失。冰寒認為這種看法有一定道理，但在某些情況下，乳化劑的使用是不可避免的，合理使用乳化劑也會帶來一些好處，可能需要做一些權衡，避免過多使用給肌膚帶來不必要的傷害。同時，某些乳化劑也非常溫和，比如卵磷脂。

護膚品的成分分析並不是對產品的全部評價，其他因素也會顯著影響產品品質。要完全理解護膚品不是一件容易的事，理解了上述的基本概念後，在遇到不實、誇大宣傳時，就具有了一定的識別能力，可以避免盲目選擇。後面我將教讀者如何看化妝品成分表。

打造完美
素顏肌
每個人都
該有一本的
理性護膚聖經

Chapter 03 | 看透護膚品

[小提醒]

護膚品可以不同品牌混搭使用嗎？

　　不要衝突就好。一般人能感受到的不衝突是指：性狀不會因為混合使用
而發生改變。有的護膚品搭配使用會產生起絮、搓泥、分層等現象，所以在
混搭使用之前需要試用，確保其中的成分不會相互影響，例如：一個酸一個
鹼，有可能中和；活性因子如一些肽類可能受到另一產品中金屬元素、酸或
鹼的影響等，這需要對護膚品成分進行分析。總的來說，使用成套產品比較
穩妥，但也不是絕對不能混搭。化妝品的成分種類十分多，混用也會有許多
難以預料的結果，我們在配方工作中不止一次發現，某種成分本來有效，但
添加另一種成分（哪怕是極少的量，比如萬分之一），就可能使其失效。

防腐劑——權衡利弊的艱難選擇

　　防腐劑是護膚品界的熱門話題，也常常被人詬病，有的人甚至到了談防腐劑色變的地步。
防腐劑的使用，是工業界權衡利弊的選擇，總的來說，就目前而言，化妝品使用防腐劑得到的
好處比不使用更多。

　　防腐劑的弊端主要是造成接觸性皮炎（刺激或過敏），尤其是甲醛供體類、甲基異噻唑啉
酮和甲基氯異噻唑啉酮；此外還可能影響皮膚微生態；某些尼泊金酯類（對羥基苯甲酸酯類）
被懷疑可能影響內分泌（證據並不確鑿）。2014年歐盟宣布禁用五種尼泊金酯，分別是：羥
苯異丙酯、羥苯異丁酯、羥苯苄酯、羥苯苯酯、羥苯戊酯，不過低碳鏈的尼泊金酯類（包括甲
酯、乙酯、丙酯、丁酯）仍然普遍被認為是安全的。防腐劑的使用一直受到嚴格的管制，在所
有國家的化妝品監管體系中，防腐劑都屬於重點管制對象。

　　但是，目前還無法避免防腐劑在化妝品中的使用。化妝品作為大規模生產的工業產品，要
歷經原料採集、製造、儲存、長距離運輸、銷售、使用等各個環節，這個過程可長達兩三年。
很難想像在如此長的時間及多變的環境挑戰下，含有大量有機物、水分的化妝品能夠不腐敗變
質。即使在生產、儲運、銷售環節可以保證無菌環境，但消費者總要打開包裝，產品在使用中
也會暴露於空氣中，而且不可能一次用完。所以沒有防腐劑來抑制微生物生長是萬萬不能的。

工業界固然應當繼續努力開發更低刺激、對皮膚更友好的防腐劑新品，甚至努力走向無防腐劑，但消費者也不必對防腐劑感到恐慌。允許添加的防腐劑都只在限量範圍內使用，造成直接的刺激、過敏是小概率事件，基本的安全性是有保障的，因此只要注意試用、測試，防止產生不良反應就好。

在未來，有必要進一步研究防腐劑對皮膚微生態和健康的影響，篩選更加安全、負面影響更小的防腐劑。

▌學看護膚品成分表

看懂成分表是理解一個護膚品的基礎。全世界的主要國家和地區，都要求正式出售的產品依照一定的規則標明成分。

透過分析成分表，你可以大致了解產品的效果是否與宣傳一致、產品是否適合自己、標示是否有不規範的地方、關鍵原料是否存在、各成分的實際濃度大致是多少。

當然，護膚品最終的品質與效果並不僅僅取決於成分表，還取決於原料、配方的合理性、製造工藝、生產品質控制，甚至包裝材料。但無論如何，成分表是最直觀、最基礎的要素。關於化妝品中各種成分的功能和特點，可以參考化妝品成分和配方類的書籍；關於功效和活性成分，可以參考《藥妝品》中文第三版。

化妝品成分表的主要規則

所有成分，都應使用標準名稱——INCI名稱，如果暫時沒有INCI名稱，才使用俗名。

成分不能使用修飾語。例如：XX萃取，若寫成「天然XX萃取」或「法國XX萃取」、「有機XX萃取」等，是不允許的。

所有在臺灣出售的產品，都必須用中文或英文標注成分表，進口產品也一樣。

所有成分的排列順序，按含量或濃度由高到低降冪排列。含量在1％以下的成分，可在最後一種含量≥1％的成分後面隨意排列。

所有成分都必須列明，除非是不可避免的自然帶入，或者已經是某種原料的天然組成成分，否則不得隱瞞成分。

打造完美
素顏肌
每個人都
該有一本的
理性護膚聖經

Chapter 03 | 看透護膚品

[**小提醒**]

什麼是INCI名稱？

INCI即國際化妝品原料命名（international nomenclature of cosmetic ingredients），是國際標準的化妝品原料命名，台灣並沒有強制規定化妝品成分標示必須使用中文或英文，擇一即可。

想要用中文標示可參照TFDA（衛生福利部食品藥物管理署）的化妝品原料基準或中華藥典。

怎樣判斷不同成分的大致含量？

根據成分表的規則，是可以判斷大致的成分含量的。

成分表的前半部分，含量較高；而防腐成分、香料含量通常不能超過一定的上限，一般含量是低於1％的；一些常用的成分如玻尿酸鈉、卡波姆，含量一定小於1％，像玻尿酸鈉，含量達到1％的話（以乾物質計），產品也許會黏稠到牽絲一公尺長，所以不可能高於這個比例。

只要你能找到玻尿酸鈉、香料、防腐成分、酸鹼調節劑（如氫氧化鈉、三乙醇胺）的位置，它們前面的成分，含量就是1％左右。

基質中的成分可以不用過於在意，更應關注有效成分的含量——護膚品的核心功能是由有效成分去完成的。除了一些特殊的原料（比如一些微量元素、維生素、防腐劑、高效抗氧化劑、活性蛋白或肽）只需要極低的濃度即能發揮作用外，一般有效成分的含量不應該太低。

如果所有的有效成分含量都非常低，那麼這個產品能不能實現它所宣稱的效果，就很值得懷疑了——除非是最普通的保濕產品，只需要水相和油相的保濕成分發揮保濕作用。

下面的成分表，你能找出1%左右的成分嗎？（常用化妝品成分及用途參見第七篇）

> 成分：水、丁二醇、聚二甲基矽氧烷、甘油、牛油果樹果脂、硬脂酸、3-o-乙基抗壞血酸、辛基十二醇、月桂醯肌氨酸異丙酯、甘油硬脂酸酯、季戊四醇四（乙基己酸）酯、鯨蠟醇、C13-14異鏈烷烴烴、苯氧乙醇、辛甘醇、辛醯水楊酸、香精、月桂醇聚醚-7、檸檬酸、黃原膠、檸檬酸鈉、EDTA二鈉、聚二甲基矽氧烷醇、生物糖膠-1、脫氫乙酸鈉、水楊酸苄酯、芳樟醇、阿魏酸、檸檬油精、苯甲醇、香葉醇、牡丹根萃取、當歸根萃取、檸檬醛、香茅醇[730285/33;B52263/3A]

巧妙利用成分表省錢

　　這些年，會有一些產品爆紅，網路上很多人推薦，有的還很貴。各種美好的承諾，說得天花亂墜，讓人感覺不買就後悔。但仔細看看產品，就會發現一些產品的運作者是賺快錢的行銷高手，擅長以概念獲得銷售，產品的可信度、有效性都相當低。

　　成分表有特定的規則，不符合這些規則的話，生產者的專業度就很值得懷疑了。

從成分表看也許不可信的產品

　　· 成分表裡面使用大量的修飾語：例如「進口XXX」、「精純XXX」、「稀有的XX」等等。

　　· 成分表不完整。例如：普通的產品卻沒有防腐成分（含有高量酒精、單方精油等的例外）；明明是乳化體，卻不標明乳化劑等。這方面的判斷需要的專業知識更多一點，有興趣的讀者可以自己多鑽研化妝品成分類的專著。

　　上述原則不是普適的，這些原則比較適用於大規模在市場上推廣和銷售的正式產品。一些愛好者對護膚品有興趣，做些自己用或小量出售、分享，沒有正式的包裝，也很常見，不少知名品牌當年也是從廚房、實驗室裡走出來的。但產品是否好、安全，完全取決於製作者的專業度，所以最終的判斷仍然要基於對製作者和產品本身的了解。即使如此，要成規模地去銷售、推廣，也應按相應規範操作。

　　另有一些傳統國貨品牌，可能因為產品更新、營運節奏沒有跟上最新的法規變化，沿用過去的老包裝文字，也可能有成分表標示不符規範的問題，但隨著法規和管理的完善，這些情況正在迅速減少。

從宣傳看也許不可信的產品

　　· 凡是宣稱速效的，尤其是快速美白、淡斑、去皺的，都應當慎重下手。

　　· 凡是以黃金、鑽石、白金這類對人體皮膚毫無關係的貴重物質作為宣傳重點的，都不必急於購買（放在指甲油裡就算了）。

　　· 凡聲稱使用了基因、端粒技術等尚未被批准用於化妝品的前沿科學手段的，都應當謹慎考慮，因為化妝品在法規層面不允許改變人體的結構和功能，化妝品不可能改變人的基因——當然，防曬、保護DNA不被損傷等方法除外，但這些實際上是保護措施，而不是真正的基因技術。

打造完美
素顏肌

每個人都
該有一本的
理性護膚聖經

Chapter 03 | 看透護膚品

[**小提醒**] ————————————————————

透過廣告宣傳看成分

　　成分都是枯燥難懂的專業術語，廣告裡要是整天談成分，會很無趣。行
銷人員常會根據消費者的喜好和理解能力，對產品進行策劃，使之更容易打
動人，也更容易理解。但是行銷人員不是技術人員，也常常出現不知所云的
情況。所以最好還是關注產品本身使用的真實成分是什麼。

　　例如廣告很喜歡說「XX滋養因子」、「XX精華成分」、「逆時空精
華」，這些指的都是具有一定功能的功效性成分。拿到產品後，你可以根據
前面學習到的知識，判斷它的濃度，查詢相關的資料，看看是否值得購買。

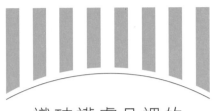

識破護膚品裡的
小把戲

　　除了清潔、保濕、防曬，多數護膚品都不可能在很短時間內起效。但市場競爭非常激烈，怎樣才能短時間內讓消費者「眼見為實」，說服消費者購買呢？不少產品就會玩一些小把戲。這些小把戲不一定是騙術，但有些商家把這些吹得天花亂墜，產品價格高得離譜，就不一定值得購買了。

▌即時美白

　　添加遮蓋劑如滑石粉、二氧化鈦等就可以讓皮膚看起來更白，不少廠商會在面膜上這樣做，尤其是膏泥狀的。有段時間添加螢光增白劑很是流行。螢光劑在日光中的紫外線激發下，可以發出亮白的可見光，讓皮膚顯得更白。某些添加螢光劑的面膜通常會隱瞞所添加的螢光劑

打造完美
素顏肌
每個人都
該有一本的
理性護膚聖經

Chapter 03 | 看透護膚品

成分，建議不要購買。但某些正常成分也可以發出螢光，需要區別對待。

快速吸收

有的廠商會在產品中添加揮發速度較快的烷類、醇類，讓人覺得護膚品很易吸收。其實護膚是一個循序漸進的過程，吸收過快反而容易出問題。

泡泡面膜

商家聲稱產品能迅速為皮膚補充活氧，其實是在產品中添加了低沸點的醚類（甲基全氟異丁基醚、乙基全氟丁基醚等），這些醚類在體溫作用下快速氣化，從而產生密集的小泡泡。有此視覺效果，現場介紹產品，當然很有畫面感，非常有吸引力！幸好這樣做對皮膚可能沒有什麼害處。

發黑排毒

十多年前，就有電視節目對「發黑排毒」進行了揭祕。這些產品一般要配合器械使用，在皮膚上按摩一會兒之後會變黑，美容導師會告訴你這是排出的鉛、汞、激素等等。實際上這只是利用了一些化學反應。請記住：沒有什麼儀器可以在臉上按摩幾下就能排毒。

概念性成分

有些產品本來沒什麼出奇的，為了有噱頭，廠商會在裡面添加一些含量很少的概念性成分，比如只添加千分之一甚至更少的植物萃取，就聲稱「富含XX植物精華」。這麼說也不算撒謊，但很難有真正的效果。

厚道一點的做法是也使用其他有效成分，比如添加比較多的維生素C，然後添加很少的植物萃取。這樣既有了植物的概念，也有了實際的功效，在宣傳時主要宣傳植物。這麼做也可以理解，因為多數植物萃取都有較深的顏色，或者特殊的氣味，可能效果不錯，但氣味性狀令人難以接受。解決這個問題需要大量的工作予以研究、優化。

 **冰寒答疑** **關於螢光增白劑**

2012年，冰寒參加的一檔電視節目討論了螢光劑面膜的問題，被《紅秀》雜誌列入當年十大美容焦點事件，電視、網路媒體的持續報導使這一現象廣為人知。事實上，不僅面膜，一些面霜、泥膜也都有添加螢光劑的做法。關於螢光劑，有哪些不為人知的祕密呢？

為什麼有些產品要添加螢光劑？

這是利用了消費者快速求美白的心理。螢光劑是一類能夠在紫外線下發出藍白色光的物質，由於日光中有紫外線，因此當皮膚上塗有螢光劑時，螢光劑在日光下被激發出藍白色光，可以讓皮膚顯得很白。

只有螢光劑才能發出螢光嗎？

能吸收紫外線並發出螢光的成分很多，包括許多植物萃取、某些防曬劑（如雙乙基己氧苯酚甲氧苯基三嗪）、水楊酸等，這些成分也都會寫在成分表上。但是，能夠在皮膚上發出這種獨特的、亮藍白色螢光的成分，非常少見。植物成分的螢光一般很微弱，呈黃、綠、橙色，不會是亮藍白色。

因此，如果發現化妝品裡面有這種強烈的藍白色的亮螢光，成分裡又沒寫出什麼可導致螢光的成分，就很有可能是添加了螢光劑導致的。

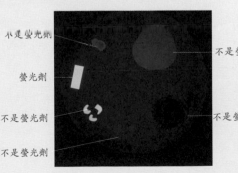

不是螢光劑

不是螢光劑

螢光劑

不是螢光劑

不是螢光劑

不是螢光劑

打造完美
素顏肌
每個人都
該有一本的
理性護膚聖經

Chapter 03 | 看透護膚品

螢光劑有什麼害處？化妝品中添加螢光劑合法嗎？

螢光劑有很多種類，安全性各有不同。總體來說，關於螢光劑的毒理學、對皮膚的影響方面的研究還不夠多，因此它在安全性方面有一些爭議。由於它之前是工業用途，沒有人添加在護膚品中，以至於化妝品法規中並沒有對它進行專門規定。螢光劑在洗衣液、洗衣粉、紙張、紡織品中的應用歷史很久，但這類添加成分不會轉移到皮膚上。

在臺灣，某些非遷移性螢光劑可添加入產品中，它不能附著於皮膚上，要能夠即時被洗去。

不過從冰寒過去測試的一些產品看，為了達到讓皮膚美白的效果，產品中添加的螢光增白劑具有很強的親膚能力，用肥皂洗都洗不掉。由於在成分表中找不到它們的名字，具體是何種物質，恐怕只有生產廠商知道了。

根據相關法規，化妝品成分表必須列明配方中添加的所有成分，因此，廠商成分表中隱瞞添加了螢光增白劑的做法不合法規。此外，這一做法揭示了廠商不誠信、投機取巧的一面，這種品牌也難說值得信賴。

怎樣檢驗自己的化妝品中添加有螢光劑？

在暗室中，用一個紫外驗鈔燈或者紫外小手電筒照射你的化妝品（可以塗在手上，但不要塗在靜電複印紙上），如果發現藍白色的螢光就要高度懷疑。如果能用專業的伍氏燈（長波紫外線燈）照射就更好了。現在市面上的紫外小手電筒多使用LED燈作為光源，光譜中有較多的可見光成分，效果有時不夠明顯，建議盡可能選擇光譜較純的紫外燈。我們發現某些香精和表面活性劑稀釋後也可以發出藍白色螢光。如遇到這種情況，需要尋求專業實驗室的說明。

小心無良護膚品

　　愛美人士愛美心切，但因為市場監管總有死角，一些不法商家在產品中添加了有害成分，以達到快速美容的目的。其中，常見的有類固醇激素、重金屬、抗生素、氫醌這四類。

▍激素——在非法去斑、去痘、抗敏產品中經常出現

　　某些含有激素的速效護膚品應當引起消費者的特別警惕。地塞米松、皮質醇等「腎上腺糖皮質激素」本來是用於對抗頑固或者非特異性炎症的藥物，在皮膚病治療中應用廣泛。但這些藥物使用不當，也會對皮膚乃至身體造成很多不良後果，因此，在化妝品中禁止添加。

　　有些不正規的廠商違法偷偷將激素添加到護膚品中，只要用幾天這些產品，皮膚就顯得很嫩，炎症和丘疹快速消失。這類藥物的副作用是阻止蛋白質的合成，使角質形成細胞分化受抑制而使屏障變薄，長期使用皮膚就容易患上激素依賴性皮炎，變得非常敏感。一停用皮膚就會缺水、起皮、毛細血管暴露，有的會有色素沉著；真菌感染率升高，發生繼發性的皮膚炎症性疾病。還有的會有類似雄激素的作用，導致使用部位汗毛加重，使用的部位愈多，後續的修復就愈麻煩。

　　正規的皮膚科醫生通常會在給患者開激素類藥品後叮囑：好轉後立即停用，同時使用修復類產品，幫助皮膚重建屏障，不可貪戀一時的表面效果。

打造完美
素顏肌
每個人都
該有一本的
理性護膚聖經

Chapter 03 | 看透護膚品

　　美容院產品、醫院院內製劑是激素的重災區。後者只有醫生開處方才能購買使用，不少人不知其中的利害，用了之後皮膚好轉，以為這是種好的護膚品可以長期使用，左托右請，弄出更多來天天用，結果就悲劇了。

　　某些在產品中添加激素的無良護膚品廠商會把產品送到檢測機構檢驗，送檢樣品不添加激素；激素的種類很多，檢測機構可能只檢測其中的少數幾種或者只檢測與激素無關的項目等，這樣廠商就能獲取一紙「檢驗合格」的報告（其實只是針對已檢專案的合格報告）；更有甚者，直接用圖片處理軟體偽造檢驗報告，令人防不勝防。對速效產品保持警惕，了解激素產品的作用特點，應成為護膚必修課。

冰寒提醒 》

　　如果發現某些產品一用皮膚就好、一停皮膚就變得很差（即「反彈」），再一用又好，極有可能是添加了激素，應當立即停止使用並就醫。

　　如果購買一些治療皮炎的藥膏，不論是不是非處方藥，都建議仔細閱讀藥品說明書，弄清藥物的性質以及使用的注意事項。如果看到「糖皮質激素」、「類固醇激素」這樣的說明，要十分注意用藥的安全，見好就收。

[小提醒]

雌激素是腎上腺糖皮質激素嗎？

　　雌激素屬於性激素，並不是糖皮質激素，其作用機制也完全不同。雌激素並不會導致激素依賴性皮炎，但它可能會干擾內分泌。無論是性激素還是腎上腺糖皮質激素，都是化妝品中的禁用物質。

　　「男性不能用女性化妝品，因為女性化妝品裡面添加了雌激素」的說法更是無稽之談。

　　有些美容機構把激素作為一個商機，聲稱可以用儀器看到皮膚上的激素殘留，然後可以幫你「排激素」。真相是：激素會被代謝掉，並不會長時間殘留在皮膚上，即使在皮膚上，也不是用個什麼「鏡」可以看到的，所謂「排激素」的說法也就沒有根據。激素可以消失，其造成

的負面後果可以透過適當的護理治療措施改善，但這並不是「排激素」。

▌重金属

重金屬一般是指密度大於5的金屬，種類很多。在食品、化妝品中最受關注的重金屬是鉛、砷、汞、鎘，因為這幾種重金屬會在體內累積，可能引發或者間接導致激素紊亂和多種健康問題，如癌症、神經問題、失憶、情緒波動、生殖和發育紊亂、腎臟問題、骨疾病、頭痛、嘔吐、腹瀉、肺損害、皮炎和脫髮等等。因此很多重金屬是嚴禁添加到化妝品（包括彩妝、護膚品）和食品中的。

關於化妝品中重金屬問題的討論經常見諸報端，有些人對化妝品的安全性十分擔心。其實，在化妝品中添加鉛、砷沒什麼必要，說「很多化妝品重金屬都超標」是危言聳聽。

但是，必須關注汞。古代的許多宮廷祕方，就是以汞來作為美白成分，並流傳至今。氯化氨基汞是其中的寵兒，它純白、無味，不影響產品外觀，一些不法廠商將其添加入去斑產品中。長期使用這類產品，皮膚會受到嚴重損傷，並且出現黑色斑片，無法修復。

檢測重金屬需要專門的儀器和方法。通過產品在水中浮沉判斷是否有重金屬；用銀戒指劃，根據戒指是否發黑來判斷產品是否含鉛等做法都不靠譜。因此，需要在正規、可信的管道購買正規產品，不要聽信天花亂墜的吹噓。

時常有一些新聞炒作一些知名產品中的微量、痕量重金屬，冠以「口紅有毒」之類的誇張標題以吸引注意，不明就裡的人很容易緊張。這些新聞甚至還會被一些傳銷品牌利用，用於攻擊其他品牌，然後聲稱自己的產品絕不含任何重金屬。

冰寒提醒))

不必對正常產品中殘留的重金屬過於恐慌。任何東西包括食物、化妝品、飲用水都難免含有微量重金屬，只要殘留量在規定的安全限值以下，都被認為是安全的。目前中國化妝品標準中規定鉛、砷、汞的限值分別為10mg／kg、2mg／kg、1mg／kg。

※台灣TFDA規定化粧品中含不純物之殘留容許量，分別為砷3ppm、鉛10ppm、鎘5ppm、汞1ppm。

打造完美
素顏肌
每個人都
該有一本的
理性護膚聖經

Chapter 03 | 看透護膚品

[小提醒]

「毒性」或「毒物」和「會造成毒害」不是一回事

有毒物質要造成毒害，至少要滿足一定的暴露劑量。例如：

一天吃100g大米，米的鉛含量是1mg/kg，則每天鉛暴露量為0.1mg；一年用掉一支唇膏（5g），鉛含量是3mg/kg（這個數字相當高了），則一年的唇膏鉛暴露總量為0.015mg。

如此比較，吃一天大米所攝入的重金屬比用一年唇膏要高7倍，但恐怕沒有人說大米有毒。只要能區別毒物、毒性、毒害作用的概念，就能避免恐慌，這就是科學和理性的力量。

抗生素

從中國歷年官方通報情況來看，某些去痘產品違法添加氯黴素、甲硝唑等抗生素偶有發生。抗生素應當在醫生的指導下作為治療手段使用，濫用抗生素可能導致皮膚微生態的失衡、人為篩選出耐藥微生物而使問題更為棘手。去痘產品現已被納入化妝品特殊管理，要求必須通過檢測以證實不含氯黴素、甲硝唑。其他護膚品添加抗生素的可能性較低。

氫醌

氫醌的化學名是對苯二酚，是一種對黑色素細胞有毒性的物質，常作為藥物用於治療一些嚴重的皮膚色素增多疾病。以前，氫醌的副作用沒有被充分認識到，所以使用一度氾濫。它的副作用包括皮膚刺激、致敏、黑色素細胞毒性導致皮膚色素脫失（類似白癜風），有的還會發生外源性褐黃病，真皮中的色素異常增多，難以治癒。現已沒有必要冒著氫醌的毒性和副作用的風險去獲得（還算不上最強勁的）美白效果，有許多成分效果更好、安全性更佳，例如光甘草定、桑樹皮萃取、苯乙基間苯二酚（377）、熊果苷等。

隨著研究的深入以及法規的健全，氫醌被禁止用於護膚品，不過，由於它確實有可靠的美白效果，個別不法廠商還是偷偷添加。這也是我一直建議大家不要隨意購買來路不明的美白產品的原因。

化妝品的真與假

　　這真是一個傷心的話題，但又不得不提及。假貨也許是走向完全規範的市場經濟必須經歷的關卡，毫無疑問，它事關每一位消費者的權益。

　　中國當前化妝品的假貨問題相當嚴重，問題不僅存在於網上，在實體店中可能更嚴重，網路不過是個縮影罷了。

▍化妝品「假貨」的幾種類型

　　1. 純粹假貨。這是我親眼所見。這類產品製作粗糙、價格低廉，在偏鄉城市、批發市場及某些不正規的所謂連鎖店均可能發現，經常出現在一些展覽會上（一般展覽會開三天，第二天下午一些展商就會撤走，攤位會被小販占據銷售這類產品），比較容易識別。

　　2. 真假混賣。由於稅重、管道費用太高，賣大品牌真品，銷售商利潤十分有限，於是就有人打歪主意，真貨假貨混著賣，以獲得較高利潤。這種做法不限於網路銷售管道，實體店面管道也可能會有。

　　3. 高仿正裝。這種產品做得很像真貨，外行基本看不出來。而且這類產品的製造商很有「職業操守」，產品不違規，以安全為目標，不會讓人用出問題，在海外轉一圈再回來的據說也有，可以說非常「職業」。造假基地主要在中國沿海某些省份，通常都是以低價贏得市場。

打造完美
素顏肌
每個人都
該有一本的
理性護膚聖經

Chapter 03 | 看透護膚品

為了讓自己看起來正宗，有的仿品還常常冠以「臺灣版」、「港版」等名號。

4. 假冒試用品。正裝太顯眼，賣試用品，價格低也不容易令人起疑。試用品中有不少都來路不明。賣試用品的商家，如果成交量特別大、價格很低又源源不絕的，一定要慎重。

5. 水貨（未交關稅的產品）。其實這類可以認為是真貨，只是未繳關稅。海外有不少兼職賣家做代購。我想提醒的是：代購是通過包裹而不是集裝箱方式進入國內的，所以數量畢竟有限。一般真正的代購賣家交易量都不會大到超出想像的範圍。

▍為什麼專櫃不願意為你驗貨？

你一定常常看到賣家在介紹中寫：接受專櫃驗貨，可以專櫃驗貨！

敢這麼寫，是因為專櫃很少會驗貨。從法律的角度講，專櫃確實沒有為非顧客驗貨的責任。試想，你沒付專櫃任何費用（送檢測中心可是要交費的），也沒有給專櫃貢獻一分錢銷售，反而搶了人家的飯碗，還要讓人幫你幹活，誰會樂意呢？

而且，對於高仿產品，專櫃人員若不是專門培訓過的，或者有特殊的檢驗手段，也是很難鑑別出來的。

就算是人工鑑別出來了，也不一定有法律效力。人工鑑定主要依靠感觀。比如讓專業人士聞玫瑰精油，他能聞出來到底是香精還是精油；看化妝品的包裝，通過字跡、工藝或許也可以知道是真還是假，但這種主觀判斷很難作為法律認可的證據。

▍購買正牌化妝品的幾個建議

· 不要只圖便宜。

· 海外直購，不要選規模太大的店，要選可靠的人（這要通過長期接觸考察確定）。

· 選可靠的管道，優先選品牌旗艦店、品牌授權店、正規流通管道，如大的連鎖超市、百貨商場的直營專櫃。

· 如果預算有限，完全可以選擇優秀的國產品牌，相對來說，國際品牌被假冒的可能性更大一些。中國品牌這些年也有進步很快的，例如上海家化的很多產品。在生產品質控制方面，上海、蘇州的很多工廠管理是相當嚴格的。

小延伸

刷條碼能不能鑒別產品的真偽?

　　有一種軟體,聲稱可以透過掃條碼知道貨物的真假,這是很不可靠的。一是因為資料庫不一定對,二是如果假貨的包裝、條碼和真貨一樣,它也無法辨別。這種軟體的工作機制是掃描到產品上的編碼,再與其內部的資料庫中儲存的編碼匹配,匹配一致就會在資料庫中找到商品名稱。但機器只認識條碼,所以拿一張有碼的紙片掃一下也沒什麼分別。另外,若商家的內碼(如出庫碼)沒有在其資料庫中,匹配就會失敗,它就可能把爽膚水掃成紙尿褲。

打造完美
素顏肌
每個人都
該有一本的
理性護膚聖經

Chapter 03 | 看透護膚品

潔面產品

▌ 清潔的原理

清潔一般通過三種途徑完成。

1. 溶解：水、醇類可以溶解水溶性或醇溶性的物質，例如皮膚表面的鹽類、溶於醇的彩妝成分等；如果是油溶性的物質，例如抗水彩妝，則需使用有機溶劑如礦物油、植物油將其溶解出來，再沖掉。

2. 乳化：這一作用要透過我們常說的乳化劑（emulsifier，又稱為「表面活性劑」）來實現。這類成分可令不能溶於水（疏水，hydrophobic）的油性物質乳化，均勻分散於水中，然後洗脫。洗面乳、潔顏粉、洗面慕斯等，都屬此類。為了便於應用，這類產品又產生了多種形態，例如：凝凍、膏、霜、乳、露、塊狀固體、粉狀體，或將它們浸在無紡布或無塵紙上，形成濕巾（wet wipes）或者乾巾（dry wipes）。當然，乾、濕巾中不僅可以有表面活性劑，也可以加入醇類，其纖維結構有機械摩擦清潔作用，下文另述。

3. 機械摩擦：機械摩擦是指使用機械力，直接將皮膚表面的物質清除。摩擦愈充分、有力，清潔力就愈強。手就有一定的摩擦力，不過由於皮膚表面有毛孔、皮紋、皺紋這樣的凹陷結構，若污垢隱藏於這些部位，手的力量無法觸及，借助化妝棉、海綿等輔助工具可以增強清潔效果。

衡量一個清潔產品的洗淨能力，有去角質力和清潔力兩個指標，讀者可以參考下圖[5]確定所用產品的清潔力和去角質力，根據自己的皮膚狀況選擇合適的清潔產品：

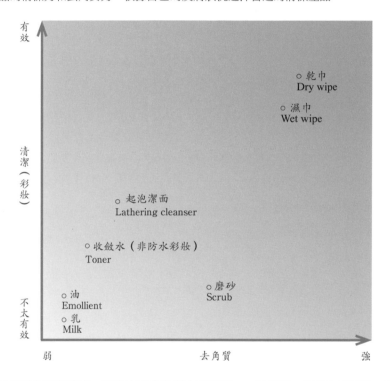

對於敏感乾燥的皮膚，清潔力和去角質力都宜弱；一般皮膚，清潔力可以強，而去角質力應弱；油性、粉刺性皮膚，去角質力可以強一些。

▎ 選擇一支適合你的洗面乳

一支好的洗面乳，應當既能充分清潔肌膚，又不會損傷肌膚。根據自己的膚質來選擇合適的洗面乳，才能達到更佳的保養效果。

洗面乳的配方類型和適用膚質

洗面乳可根據其所用的表面活性劑來分類。表面活性劑的去脂力、刺激性決定了洗面乳的基本性質。洗面乳常用表面活性劑見下頁表格：

打造完美
素顏肌
每個人都
該有一本的
理性護膚聖經

Chapter 03 | 看透護膚品

洗面乳常用表面活性劑

類型	代表成分	說明	建議膚質
皂基（即脂肪酸鹽）	脂肪酸鈉、脂肪酸鉀、脂肪酸乙醇胺	產品配方中有較高的脂肪酸和鹼。常見的脂肪酸有肉豆蔻酸、月桂酸、硬脂酸等，常用的鹼是氫氧化鉀、氫氧化鈉。最終產品裡並不會有氫氧化鈉或氫氧化鉀，因為它們會與脂肪酸反應後生成皂基。此類產品清潔力強，使用後膚感十分乾爽。	油性膚質或混合性膚質的油性區。
天然衍生物	甜菜鹼、烷基葡糖苷、胺基酸衍生物（常見的有椰油醯甘胺酸鉀、椰油醯谷胺酸鈉等。胺基酸衍生物類可簡寫為「XX醯X胺酸X」）	較溫和，刺激性低，清潔力也很強。洗後感覺比較滑，乾爽感可能比不上皂基。	適合各種類型肌膚。
其他合成物	月桂基硫酸鈉（SLS，十二烷基硫酸鈉）、月桂醇聚醚硫酸酯鈉（SLES）、磺酸鈉類等	清潔力強，SLS具有一定刺激性，故在試驗中常用作刺激試驗的基準物。SLS和SLES搭配可以降低刺激性。SLS和SLES被有些宣傳說得很嚇人，但實際上它們沒那麼好，也沒那麼差。	除敏感、乾性肌外都可以使用，身體肌膚也可以使用。
其他天然物	卵磷脂	可由天然物中萃取獲得，無刺激性，清潔力略弱，還有潤膚等作用。卵磷脂有特殊氣味。	極適合敏感肌膚。
	植物皂苷、無患子萃取	具有一定的清潔能力，但研究和應用尚不廣泛。	

怎樣根據自己的膚質選擇潔面產品呢？

潔面的原則是「充分且適度」，即只要能夠讓皮膚變得清潔並不造成損傷就可以了。

如果你是正常肌膚、沒有化妝，理論上可以選擇任何類型的潔面產品。

如果你是敏感肌膚、炎症受損的肌膚，則應當盡可能減少刺激，避免使用有摩擦力和去角質的產品。

如果你使用了非常強力的防水性產品，如抗水防曬乳、彩妝，則很有必要使用卸妝油或卸妝乳。

衰老性肌膚（角質太厚）、白頭黑頭很多的人，則可以考慮使用有去角質功能的輔助清潔用品。

如果你在旅行中，不方便用水洗，那可以選擇潔面水，配合紙巾，以備臨時之用。

洗面乳的效果該如何期待？

美白洗面乳、保濕洗面乳、去痘洗面乳，你覺得它們真的能達到這些功效嗎？

其實，洗面乳的主要功能應當是清潔，若能實現「充分且適度」的清潔目標，並且低刺激，就已經達到了合理的期望。但換一個角度考慮，合理的潔面配方也不是對實現附加功能全無幫助，所以這種稱呼也是有一定意義的，比如：

· 美白洗面乳：含有果酸、磨砂類的產品可以幫助去角質，所以可以幫助皮膚美白，對衰老性肌膚是適用的。去角質可以方便精華成分的吸收；但對維生素C之類需要吸收、駐留的成分來說，加在洗面乳中的意義就沒那麼大。

· 保濕洗面乳：在洗面乳中降低表面活性劑的添加量，使用脫脂力不那麼強的表面活性劑，並添加保濕成分，可以避免皮膚過多脫脂。即使洗面乳被沖洗掉，也有一部分保濕成分殘留在皮膚上，皮膚就不會那麼乾燥缺水。

· 去痘洗面乳：添加一些具有抗菌、抗炎作用的成分，例如水楊酸、茶樹精油、苦參萃取等，雖然大部分會被沖洗掉，但也有一部分會進入毛孔或殘留於皮膚表面，發揮一定的作用。這與一些淋洗類藥品的作用機制是相同的，因此去痘洗面乳對去痘也有一定的輔助效果。

不管如何，洗面乳會在短時間內被沖洗掉，故對它的附加功能不要有太高的期待，要想實現特定的護膚目的，還是要考慮多種因素及其他類型的產品，進行全面護理。

打造完美
素顏肌
每個人都
該有一本的
理性護膚聖經

Chapter 03 | 看透護膚品

▌ 洗面乳的兄弟姐妹們

- ·潔顏粉：固體的表面活性劑粉末，使用時加適量水稀釋即可，體積小，方便攜帶。
- ·潔面膏：將洗面乳做得濃稠一些、硬一些，即為潔面膏，本質上和洗面乳並無不同。
- ·潔面慕斯：具有起泡能力的表面活性劑溶液，加一個起泡泵就是潔面慕斯。潔面成分在擠出時與空氣混合形成泡沫。
- ·潔面凝膠：將表面活性劑溶液中加入一定量的透明增稠劑，就變成了凝膠狀的潔面產品。
- ·潔面水：潔面水多為應急用，不含增稠成分，其中添加一定量的低起泡力表面活性劑和醇類，可配合濕巾使用，方便擦拭乾淨。

不管以什麼樣的形式存在，潔面產品的原理都是相通的。選擇潔面產品時，最需要關注的是它的配方構成、使用的方便性以及使用後的膚感。

▌ 卸妝產品該怎麼選？

卸妝產品分為卸妝油／膏、卸妝乳、卸妝水三類。

卸妝油／膏

卸妝油的主要成分是油脂類，有的會添加酯類表面活性劑。它主要利用以油溶油的原理，溶解並清潔油性彩妝和抗水性防曬產品。

卸妝油使用步驟：

用卸妝油按摩→油性彩妝或抗水性防曬產品溶解分散出來→以潔面產品清洗乾淨

卸妝乳

卸妝乳的工作原理和洗面乳類似，主要使用表面活性劑，有的會添加一些醇類以增強對醇溶類成分（如一些色素和香精）的清潔力。卸妝乳的使用較為廣泛，刺激性較低。

卸妝乳使用步驟：充分起泡→按摩→沖淨

卸妝水

卸妝水主要利用水和醇類，分別溶解水溶性和醇溶性的成分達到卸妝目的。卸妝水對於油

性重的抗水性產品效果不佳，且刺激性較強，故一般只建議應急使用。另外，卸妝水太容易流動，所以使用時一般會先倒在化妝棉或濕巾上，再按壓、擦拭卸妝部位，敏感和乾性肌膚應當謹慎使用。

手工皂有多神奇？

手工皂近年頗為流行。對手工皂的態度大致分為兩派：一派認為手工皂配方神祕，又添加各種精油，無所不能；另一派則認為手工皂呈鹼性，長期用對皮膚並無好處。這兩種截然不同的說法也給很多人帶來了困惑，到底哪一種觀點是正確的呢？

手工皂的基本成分有哪些？

不管是什麼皂，它的基本組成都是油脂和鹼（氫氧化鈉、氫氧化鉀或三乙醇胺等）反應生成的脂肪酸鹽，也就是皂基。在手工皂製作中，三種油脂是最常用的。

· 棕櫚油：含有較多的棕櫚酸，其次是油酸、亞油酸、硬脂酸，棕櫚油的用量多少與皂的硬度相關。

· 椰子油：在28℃以下是固體狀態。椰油皂基主要提供起泡力和清潔力。

· 橄欖油：橄欖油的飽和度較低，因此呈液態——這類油叫做軟油，它提供了滋潤度。

透過調節三種油的比例，根據皂化係數計算出完全反應需要用多少氫氧化鈉，就可以得到想要的皂體硬度（使用氫氧化鉀能得到更軟的皂）。

基本的冷製皂製作過程如下：

（1）計算好原料用量，準備好油、鹼（氫氧化鈉或氫氧化鉀鹼）。

（2）熱水溶解鹼液，放至50℃，將油加熱到50℃，兩者混合並充分攪拌。

（3）加入精油或其他想添加的成分，倒入模具，凝固後脫模熟化數十天（充分反應）。

如一個馬賽皂的配方：棕櫚油50g、椰子油90g、橄欖油360g、氫氧化鈉72g、水109ml、香精10ml。此皂中橄欖油的含量達到了72%，棕櫚油僅10%，所以皂體較軟。

手工皂牽絲的情況，主要是油酸的含量較高造成的，橄欖油的油酸含量在53%～85%之間，因此可以認為橄欖油的用量高可以牽絲。當然也有一些皂會添加增稠劑達到牽絲效果，不過是否牽絲不太會對皮膚有什麼重要影響。

打造完美
素顏肌
每個人都
該有一本的
理性護膚聖經

Chapter 03 | 看透護膚品

手工皂滋潤的祕密

如果想要用手工皂洗完臉後，膚感比較滋潤，就需要在皂中多加一點東西：超脂。

超脂是指除了前面準備的要和鹼反應掉的油脂外，再添加一點富餘的油脂，對皮膚可以起到額外滋養作用。超脂一般會選擇比較好的、貴的油，常見的選擇有：紅花籽油、芝麻油、荷荷巴油、胡蘿蔔籽油、甜杏仁油、月見草油等等。

除了滋潤以外，這些油可以讓皂有更好的氣味，也是皂的賣點。不過，無論怎樣，手工皂仍然是一種去脂力強的鹼性清潔用品。我對比了幾種清潔用品，其中一塊是熟化了三個月的冷製皂。分別把它們製成2%的液體，測試 pH 值，結果如下：

麗仕香皂	上海硫磺皂	六神香皂	雕牌洗衣皂	咏薇堂珍珠洗面乳	冷製皂
11.1	11.1	11.1	11.0	8.9（珍珠粉所致）	11.0

為手工皂錦上添花

市面上所見到的手工皂花樣繁多，一般都是這麼來的：

・加入各種不同的精油，帶來各種令人愉悅的味道。

・加入各種不同的顏色介質，例如碳粉、抹茶粉、玫瑰粉或色素，得到不同的顏色。

・加入各種不同的其他物質，比如死海泥、花瓣、絲瓜瓤……理論上，只要你想加的都可以加。

・不同的模具還讓手工皂呈現出不同的形狀。

手工皂為何流行？

由於手工皂有非常多的氣味、顏色，在一定程度上增加了生活的情趣，因此，手工皂在清潔之外，還具備很多情感功能。它可以是一種心靈的寄託，可以是愛情的信物，可以是交友的工具，也可以是派對的主題。

手工皂的形狀和配方多樣，也有利於形成更多的品種，甚至有人有了收藏囤貨的愛好。因此，商家也不遺餘力地推廣它。

手工皂一定很刺激嗎？

在各種乳化劑中，皂屬於刺激性比較強的。不過，透過調整濃度、配方，皂的刺激性可以

得到降低，而且人體自身對於pH值也有一定的調節能力。加上皂在皮膚上停留的時間並不長，很快可以洗掉，所以也不能說皂一定很刺激、對皮膚不好。當然，換個角度，手工皂中添加的成分由於很快會被洗去，也難說能帶給皮膚什麼營養，只是有的皂刺激性更低、滋潤性更好一些而已。當然，添加一些抗菌類、幫助清潔的成分，作用於皮膚表面，還是有意義的，如藥皂、硫磺皂。

冰寒提醒》

　　對於脆弱的乾性和敏感性肌來說，皂的去脂力過強了，根據現階段的研究成果，仍建議謹慎使用。

手工皂是否會長菌？

　　在強鹼性的環境下，微生物是不容易生存的。所以，從來沒有哪一塊肥皂會發黴。

　　手工皂除了清潔作用外，其他方面的作用比較有限——當然這個觀點同樣適用於洗面乳等其他清潔類產品。當商家說手工皂可以讓人立即變白或者讓特殊部位變得嫩紅時，建議消費者不要輕信。

　　客觀地對待手工皂，不要對它有偏見，也無須神化它，取其長處而用，這便是我倡導的理性態度。

思考

　　皮膚菌群的變化對皮膚健康狀況有重大影響，而pH值可能對菌群有較大影響。雖然目前公認皮膚的理想pH是弱酸性，但pH變化與皮膚菌群的關係研究尚未深入展開。或許使用鹼性潔面產品，可以通過影響pH而抑制有害微生物的生長，從而有利於肌膚的健康。

　　例如，一種真菌叫念珠菌，可引起痤瘡樣的皮膚丘疹與炎症，它的最適生長pH是5.5，給予鹼性產品，也許會抑制其生長而改善肌膚。但這方面還需要研究來證實，因為皂也有可能提升pH值，使之接近中性或變為鹼性，這對皮膚也是不利的。

打造完美
素顏肌
每個人都
該有一本的
理性護膚聖經

Chapter 03 | 看透護膚品

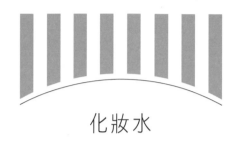

化妝水

化妝水，又稱爽膚水，最初被當作收斂劑（astringents）使用。其開發目的是去除使用鹼性基質的皂類產品和硬水（井水）一起潔面後形成的鹼性皂基殘留。硬水是指鈣、鎂離子含量高的水。脂肪酸與鈉、鉀反應形成的皂基可溶於水，故可用於清潔和洗滌，但與鈣、鎂反應形成的皂基不溶於水，容易附著和殘留在皮膚上。

隨著水質的改善，以及對潔面產品研究的深入，潔面後鹼性皂基的殘留已經極大地減少。而在使用乳液來卸除面部彩妝或環境污垢變得流行以後，人們發現了收斂劑的新用途：它可有效用於乳液卸妝、清潔後殘留的油性物質的清理（這也是「二次清潔」的說法由來）。

現在，這類產品的商品名都叫toner，主要的功能是調節皮膚pH值至弱酸狀態（tone有微調的意思），並且能補水。

廠商給化妝水取了不同的名字，來反映其不同的功能定位，但這些名字並沒有統一的標準規定，例如：

· 醒膚水：通常含有抗衰老成分。但有的男士控油型爽膚水也叫醒膚水。

· 爽膚水：和化妝水一樣，是一個概稱（toner）。

· 保濕水：以保濕滋潤功能為主，通常使用的成分有丙三醇（甘油）、丁二醇、玻尿酸鈉、吡咯烷酮羧酸鈉等。

· 柔膚水、嫩膚水：可能含有果酸、蛋白酶或其他讓皮膚角質變軟的成分，可以與化妝棉結合使用，幫助去除角質，以降低皮膚屏障的阻隔效應，促進營養成分的吸收。

· 收斂水：通常含有高濃度酒精和芳香成分，可用於潔面不徹底導致的一些皮脂殘留物的清理，帶來乾淨的感覺，並且可作為輸送載體，有的還添加了表面活性劑。有的收斂水中酒精濃度高達20%，這樣固然可以達到收斂、清爽效果，甚至有部分抑菌作用，但也可能非常刺激，敏感性肌膚、乾性肌膚宜謹慎使用。

如何挑選化妝水？

乾性、中性肌膚

選擇以保濕功能為主的化妝水，避免使用含有高濃度酒精的、有軟化角質成分的，或者宣稱以「清潔」為主要功能的產品。

油性肌膚、衰老性肌膚

可適當使用含有酒精和軟化角質成分的產品，但有炎症的肌膚（發紅、鱗屑、起疹、膿皰等）不建議使用。

混合性肌膚

應堅持分區護理的原則，多數時候應以保濕型產品為主，偶爾可以在T區使用其他類型的化妝水。

 冰寒答疑　關於化妝水的使用

黏稠的化妝水補水效果更好嗎？

不完全是這樣。化妝水之所以會黏稠，是因為添加了增稠成分。這些增稠成分通常具有保濕作用（這可能間接地促進補水）。但是，實際保濕效果還是取決於產品到底使用了何種增稠成分，所以也不能一概而論，應根據實際成分表、使用感受甚至儀器測試結果作為最終判斷依據。

打造完美
素顏肌
每個人都
該有一本的
理性護膚聖經

Chapter 03 | 看透護膚品

化妝水是不是每天都應當使用呢？

可以每天使用。化妝水不僅具有補水、調節pH的作用，更是一種輸送載體（即以其為基質，在其中增加具有保養作用的功效成分），而且化妝水以水溶性成分為主，在使用油性產品之前使用是有必要的。先使用化妝水，可以進一步為皮膚補充水分，使角質層處於水合狀態，有利於後續成分的吸收。

有一些肌膚強健的人（尤其是男士），夏天的時候若自身分泌的皮脂足夠保濕，又注意防曬，甚至直接用化妝水保濕就可以（當然我更推薦精華液）。

可以用化妝水來敷面膜嗎？

視類型而定。保濕滋潤、溫和型的化妝水可以，酒精含量過高的則不建議敷貼。

能不能用純露代替化妝水？

可以。純露大部分偏微酸性，可以不加香精和防腐劑（純露在蒸餾過程中已滅菌），成分簡單，刺激性較低。不同的純露含有不同植物特有的微量成分，能起到特定的效果。例如洋甘菊純露含有紅沒藥醇，對敏感性肌膚有良好的舒緩效果；薰衣草純露則對炎症有一定抑制作用。

化妝水一定要用化妝棉來塗吸收才更好嗎？

並非如此。吸收如何，與使用手塗、用化妝棉塗抹或者噴無關。用手塗每次2～3ml就夠了，但是用化妝棉每次的消耗量會達到8～10ml。至於「手上有細菌不衛生、用手塗營養都被手吸收了之類的說法」並不成立（化妝棉上也有很多細菌），只是為了讓化妝水消耗得更快而已。

化妝水有什麼使用手法嗎？

（1）要溫柔。盡量用手塗，並且不要過度用力地拉扯、摩擦肌膚。

（2）可輕拍。塗抹完後，可以用手輕拍肌膚，促進面部的微循環（敏感性、炎症性肌膚應避免）。

（3）不用等到它乾。塗在臉上後輕輕按摩或者拍一下，處於較濕潤狀態時就可以使用後續產品。

每次可以用多種化妝水嗎？

從目前的研究結果來看，似乎並沒有必要。如果化妝水不能夠達到期待的護理效果，如抗老、美白，不如選擇合適的精華液。

高機能水是不是特別好？

「高機能水」只是一種商品名稱，並沒有統一規定什麼樣的水才可以叫做高機能水。除了「補水」這一基本功效外，還具有其他功效的水都可以自稱為「高機能水」。

收斂水是否真的可以收縮毛孔？

收斂水本質上並沒有讓毛孔真正變小的作用。根據毛孔的類型，因油脂分泌過多而致的臨時性毛孔粗大，在清潔、去除角栓後即可自然回彈縮小。收斂水透過收斂作用，會使皮膚看起來光潔一些。器質性的、涉及真皮萎縮的毛孔粗大，任何護膚品包括化妝水，都不可能有作用；衰老而導致的毛孔粗大，收斂水所起的作用也微乎其微。

打造完美
素顏肌
每個人都
該有一本的
理性護膚聖經

Chapter 03 | 看透護膚品

小延伸

礦泉噴霧ABC

　　這些年，敏感性肌膚所占比例愈來愈高，使得礦泉噴霧產品十分興盛。這些產品是否值得選購就見仁見智了。

　　礦泉水因為成分較為單純，沒有添加可能引起不良反應的香精、防腐劑等成分，可以減少體質或皮膚特別敏感的人過敏的風險。同時因為其成分簡單，所以刺激性也相對較低，可以在低刺激性的前提下實現外部補水，同時給皮膚休養的機會。

　　礦物水中含有較多的礦物元素，這些元素對皮膚是有一定生理作用的，這是溫泉療法的基礎之一。例如：鋅可抗炎，鈣可促進皮膚屏障牢固，鍶可降低敏感度，硒可抗衰老，硫可抗菌殺蟲（當然也可能產生刺激）。

　　但是，出於行銷需要，一些水也有神化之嫌。很多皮膚問題需要綜合護理，不能只依賴噴霧一種產品。

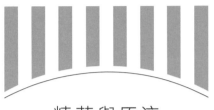

精華與原液

　　當肌膚有特別需求，尋常的水、乳等不能滿足時，就出現了一類加強版的、針對這些問題特別設計的護膚品——精華。

　　精華可以是純水相（精華液、精華凝露），也可以是含油量比較低的輕乳液（精華乳）。它們通常具有如下特點：

　　・具有特定的強化作用，比如美白、抗衰老（抗氧化）、保濕、修復、鎮靜舒緩、控油等，這樣不同的人就可以根據自己的需要，為肌膚在某方面「加強」。

　　・為了實現這些作用，產品中會加入特定的有效成分，而且有效成分濃度較高，例如維生素C精華中，維生素C可以添加到10%以上。如此高濃度的某些成分可能會對乳、霜類的穩定性造成影響，因而適合加在成分相對單純的精華類產品中。

　　・為了保持這些成分的穩定性，廠商會避免過於複雜的配方。配方簡單，也可以讓生產工藝更簡單，避免在生產過程中損失其功效。比如有一些活性成分不耐高溫，如果要做成比較濃的乳或者霜，很可能在高速剪切、高溫處理後失去活性。

　　精華是非常能體現技術水準的，各品牌會把自己的王牌成分製成精華液，例如巴黎萊雅的高濃度普拉斯鏈（ProXylane）。

　　可見，精華產品確實是精華所在。一般來說，精華的價格也比較貴。

打造完美
素顏肌
每個人都
該有一本的
理性護膚聖經

Chapter 03 | 看透護膚品

▌ 精華該怎麼選？

　　顯然，精華本來就是為特定護膚目標設計的，所以針對性地使用精華，可以大幅提升護膚的效果。在皮膚屏障功能完整、自身保濕力足夠的情況下，如果要在精華與乳霜之間二選一，我會選擇精華。

不同年齡怎麼選精華？

　　雖然都叫精華，但不同精華的成分和使用目的可以很不相同，所以多大年齡宜選擇何種精華，需要具體分析。

　　·保濕精華：各年齡段的人都可以使用。一般使用玻尿酸鈉，較好的會再配以神經醯胺、膽固醇、天然油脂（尤其是不飽和脂肪酸，如亞麻油、紅花籽油、山茶籽油等）。

　　·美白精華：通常以抗氧化、抑制黑色素合成的成分為主，任何年齡的人都可以使用（未成年人除外）。冰寒認為，早用比晚用好。

　　·抗衰老精華：20歲以上就可以使用具有一定抗氧化作用的精華了（如維生素E、維生素C及茶葉萃取等），但沒有必要使用太高濃度的。如果已經有肉眼可見的輕度衰老跡象，例如細紋，則可以選擇較高濃度的，以及對改善光老化有確定效果的，例如維生素A（視黃醇）或其衍生物。中年以上的衰老、非敏感性肌膚，可以考慮使用果酸（AHA）、多羥基酸類（PHA）產品。

　　·控油精華：皮膚開始油的時候就可以用了，通常是青春期後。

冰寒提醒 »　及早抗氧化的必要性

　　愈接近體表，皮膚中天然抗氧化成分含量就愈低，消耗的抗氧化劑用於對抗外界因素帶來的氧化應激。紫外線是誘導氧化的主要原因，現在空氣污染是個新的因素。已有研究表明：空氣污染會加速皮膚中抗氧化劑的消耗，並加速皮膚的衰老進程，促進色斑的產生。外用抗氧化成分，在體表對抗這些因素的侵蝕應當是有必要的。

　　理論上，即使是自身不缺乏抗氧化劑的低齡人群，面對這種壓力時也可能需要更多的抗氧化劑。

不同膚質怎麼選精華？

- 美白精華：適合任何膚質，但含果酸類的可能不適合敏感性肌膚和乾性肌膚。
- 抗老精華：適合多數膚質，一般而言，乾性肌膚應該更早些用。
- 控油精華：適合油性肌膚和混合性肌膚。
- 保濕精華：各種膚質都可根據需要選擇。
- 舒敏精華：適合敏感、乾性肌膚。

可以參考本書第七篇中各類成分的作用，根據需要選擇適合自己的產品。

[**小提醒**]

精華不是萬能的

精華並不萬能，對特定的皮膚狀況，一要預防，二要做綜合護理。

以抗衰老為例，與其衰老後拚命補救，不如提前做好防曬等預防措施。

控油精華則要關注其成分，如果單純用水楊酸類，並不能從本質上減少油脂的分泌；即使添加了維生素B_3（菸醯胺）、維生素B_6、丹參萃取等能真正抑制油脂分泌的成分，也需要注意控制高糖、高脂食物的攝入，否則效果仍然可能會受影響。

精華該怎麼用？

不同的精華能否疊加使用？

多數情況是可以疊加使用的。但有一些典型情況，需要具體考慮。

- 美白精華和抗老精華：多數美白精華成分也是有抗老作用的，除非前者不能滿足你的需要，而且兩者的配方有互補作用，才有必要買兩種疊加使用。例如：前者以維生素C、維生素E為主打成分，後者以維生素A為主打成分。如果兩者並不互補，例如前者是維生素C，後者也是維生素C，疊加的必要性就不大了。

- 生物活性成分類精華：如EGF、FGF等，它們對外界其他因素的影響是非常敏感的，最好不要疊加其他精華（尤其是高濃度精華）使用，以免失效。中國國家藥監局於2019年1月8

打造完美
素顏肌
每個人都
該有一本的
理性護膚聖經

Chapter 03 | 看透護膚品

日以問答形式明確化妝品不能使用EGF。但在美國、歐洲、日本，EGF類化妝品大量存在，且EGF已列在歐盟已使用化妝品原料目錄中，只是未在中國的已使用化妝品原料目錄中。

· 保濕精華：除非其他精華不能滿足你對保濕的要求，否則沒有必要疊加。因為不管哪一種精華，基質成分裡都含有不少的保濕成分，如甘油、丁二醇、玻尿酸鈉等。再疊加一層以同樣成分做成的保濕精華，其實意義不大。

· 修復和舒敏精華：敏感和乾性皮膚的人常常希望在做修復和舒敏時，能同時達成多重目標，例如美白、抗老。此時就要避免使用不適合自己肌膚情況的精華，或者雖然適合、但是濃度太高的。例如：

（1）維生素C含量太高的，有可能對皮膚造成刺激。

（2）視黃醇類的成分，可能讓皮膚更乾燥。

（3）果酸類除了可能形成刺激外，還會讓角質層變薄（雖然皮膚的其他層會變厚）。

（4）含較多酒精、丙二醇成分的，容易形成刺激。

疊加使用不適合的精華，可能會抵消你所做的修復工作，得不償失。

不同的精華在使用順序上有什麼講究？

考慮到精華的吸收和對皮膚的作用，建議先用需要吸收入皮膚發揮功效的，例如抗敏修復、美白抗氧化的，然後再用保濕的（如果有需要的話）。保濕的產品通常含有較大分子的保濕成分，它們會形成膜狀或膠質結構，在微觀世界裡就好像一張綿密的網，可能會阻礙功效性成分從外側向皮膚遷移和擴散，不利於這些成分的吸收。

 冰寒答疑　**關於精華的使用**

白金、黃金真的可以加到精華裡面嗎？有用嗎？

這樣做只是增加視覺的奢華感，讓商品顯得很高級而已，對於改善皮膚狀態本身並無益處。有的商家還宣稱自己的產品含有奈米級的黃金粒子。很可惜，研究發現奈米金粒子可以抑制脂肪組織形成，加速衰老和皺紋，延緩傷口癒合，加重糖尿病[6]。

敷完面膜後是否可以使用精華？

可以。使用面膜之後，肌膚處於很好的水合狀態，吸收營養成分更容易，此時使用精華也更容易被吸收（不限於精華，也是使用其他護膚品的好時機）。

小延伸

原液和肌底液

原液本來只是一個商業概念，不過就其成分和配方特點看，是一類成分更簡單的、含單一有效成分的精華液。號稱原液的產品非常多，頗有些亂花漸欲迷人眼的感覺，所以選擇原液，還是要學會看產品的成分表，這樣才能知道它實質上是什麼。

在我看來，肌底液也是一個商業概念，與精華液沒有本質區別。近年來流行「堆數字」，就是產品加入高含量的某種單一成分，你加5%，我加10%，他加20%，誰的數字更漂亮似乎就更厲害、更好。但其實不是這樣，成分發揮作用，有其合適的濃度區間，而且濃度過高不一定安全。

打造完美
素顏肌
每個人都
該有一本的
理性護膚聖經

Chapter 03 | 看透護膚品

乳液和霜

　　乳液和霜是護膚品中最重要也最常見的劑型。最簡單的乳霜，即使不添加任何功效成分，也有保濕和潤膚的作用，擴展一下，就可以變成各種功效型護膚成分的「載體」，或者稱為「基質」。

▌乳霜的基本構成

　　所有的乳霜基質都由三類成分構成：水、油、乳化劑。正如本篇開頭所講述的：水不僅包括水，還有水溶性成分，合稱為「水相」；油則包括各種油溶性成分，合稱為「油相」；而乳化劑，使得水和油均勻混合。為了敘述方便，下文將油相和水相分別簡稱為「油」和「水」。

　　當液態的油和水放在一起的時候，各自都是透明的。將油分散成細小顆粒，由於光的折射作用，就顯出乳白色。

　　通常而言，根據水或油的微粒狀態，可以把乳和霜分成「水包油（O/W，oil in water）」和「油包水（W/O，water in oil）」兩類。

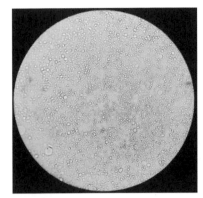

水包油乳化體顯微照片（可見油相液滴分散於水相成分中）

更複雜一些的工藝，會做成水包油包水，或者油包水包油等，但是如果沒有特殊需要，這些類型非常少見。

大部分乳霜都是水包油的，這樣膚感不油膩，親膚性好。一般而言，霜的油分含量比乳液要高一些，保濕性會更強。

小延伸

對護膚品來說，載體也很重要

一個良好的載體體系對護膚品也是非常重要的，就好像一粒種子要在合適的土壤中才能發芽並茁壯成長。

舉一個例子，維生素C對皮膚是極好的，但是你不能把維生素C粉末直接塗到皮膚上去，必須要有一個讓它溶解、保存、滲透的環境，這就是載體的作用。

載體還可以提供合適的膚感。成分再好，膚感像萬能膠一樣，恐怕也沒有人愛用。

霜類作為載體，對脂溶性有效成分（如維生素A、維生素E）是很重要的；還可以讓有效成分逐步釋放到皮膚上，發揮長效護理的作用。

脂質體包裹也是一種載體技術，可以有效防止功效成分氧化失效，並促進吸收。其他載體形式還有奈米包裹、包囊、載脂固體顆粒、水凝膠等。

打造完美
素顏肌
每個人都
該有一本的
理性護膚聖經

Chapter 03 | 看透護膚品

　　乳霜中的油分主要起到保濕、潤膚等作用，也是脂溶性成分的溶劑，油脂的類型與含量還會影響乳霜的質感。乳霜中的油分有很多種，分類也比較複雜。這裡為了便於理解，將乳霜中的油分分為四類：

1. 動植物油及衍生物

　　植物油多提取自植物的種子。一般是流動性較強的液體，容易被吸收，含有維生素E等抗氧化成分，親膚性佳。有一些植物油，例如芝麻油、紅花籽油、亞麻籽油，含有大量的不飽和脂肪酸，不但可以幫助維護皮膚屏障、具有保濕功能，還有抗氧化作用。飲食中缺乏這些油脂，可能還與痤瘡的發生有關。

　　動物油脂有蛇油、貛油、貂油等，多為飽和脂肪（三酸甘油酯，又稱甘油三酯），但現在應用得比較少。

　　動植物油脂有不少優點，在乳液中的使用卻並不多。因為從生產工藝的角度來看，它們的缺點和優點一樣明顯。它們通常有特殊的顏色、氣味，尤其是多不飽和脂肪酸，那種腥味和魚油差不多。

　　多數植物油脂也不穩定，容易被氧化、酸化，散發出「油耗味」，顏色發黃，性狀也變得黏稠無比。為了避免這種狀況，還需要添加足夠的抗氧化劑（成本上升）。也有一些植物油會被製成衍生物，如氫化蓖麻油、氫化大豆油等。

　　一些植物油脂由於來源天然，其品質穩定性受原料和生產工藝影響很大，產地、批次、品種、氣候、收穫季節都是影響因素。

　　上述這些特點在大規模工業化生產、運輸、儲存、銷售體系下，都變成了明顯的缺點。因此，礦物油脂迅速占據了主導地位。

2. 礦物油和合成脂類

　　礦物油是一類物質的統稱，萃取自石油，包括白油（也稱輕質油、液體石蠟、礦油等）、凡士林（也稱「礦脂」）、石蠟等，從某種意義上說，它們也是天然產物。

　　礦物油不能被人體吸收，也不是人體固有的組成部分，但是有幾個非常突出的優點：化學和物理性質穩定；具有極佳的貼膚性，膚感很好，防水耐久；封閉性強（保濕力強）；致敏性極低，所以在嬰兒護膚品中也大量應用；適合大規模生產，價格便宜。

　　合成的脂類以矽氧烷類（siloxanes）為主，俗稱「矽油」。這是一類含矽的烷，完全由人

工合成，具有極佳的滑感，沒有什麼氣味，刺激性極低，也沒有毒性，因此被廣泛使用在乳霜等護膚品中。

關於矽油也有一些傳言，例如沉積在頭皮上，會導致毛髮脫落和頭皮屑、頭癢等。但這些說法缺乏嚴肅的證據支持。目前普遍認為矽油類是安全的。唯一的問題是它們不易降解，可能在環境中累積，對生態造成影響。

3. 酯類

脂肪酸與醇類反應後，會變得有一定的親水性，塗抹在皮膚上也不會有很油光滿面的感覺。這個方法對於提升植物油脂的穩定性很有幫助，由此得到的酯類可以稱為天然植物油的衍生物。

有一些酯類是用作表面活性劑的，例如硬脂酸單甘油酯。

一些人工合成酯類具有很高的致粉刺性（參見下頁「小延伸」），粉刺易感人群在購買時應當稍微謹慎一些。

4. 類脂

在護膚品中使用的主要是膽固醇、糖鞘脂類、磷脂類。這些是對皮膚有重要作用的活性成分，成本也較高，一般只有極少數產品會使用。添加了這些成分的產品可謂是良心產品。

打造完美
素顏肌
每個人都
該有一本的
理性護膚聖經

Chapter 03 | 看透護膚品

小延伸

油分的致粉刺性（comedogenecity）

含油脂類多的護膚品，是否更容易引起粉刺？

根據兔耳試驗的結果，以類別看，天然油脂類是致粉刺性最強的，而且油愈稠，致粉刺性愈強，月桂酸、棕櫚酸乙基己基酯、異硬脂酸異丙酯、肉豆蔻酸異丙酯等的致粉刺性相當強[5]。

但是，對油分的致粉刺性的判斷仍然存在一些不確定性，應用不同的試驗方法、在動物和人身上分別做測試，不一定會得到相同的結果[7]。

例如，單個致粉刺成分在兔耳試驗中的試驗濃度往往是非常高的，在低濃度下可能不引起粉刺；又如，單獨試驗時有致粉刺性，但應用於最終的配方（假如又恰巧濃度並不高），可能並不引起粉刺。

因此，根據是否含有此類致粉刺性成分判斷該護膚品是否致粉刺，結果有很大的不確定性。不過，如果你能從成分表上看到這類成分含量很高（包括單一成分含量很高或多種致粉刺性成分總含量很高），則建議謹慎。通常來說，許多彩妝類產品都含有較高的致粉刺成分。

致粉刺性的發生機制尚不清楚。

思考：化妝品加重粉刺的另一種可能

一些讀者用了彩妝後痤瘡、粉刺加重，停用後就變好。冰寒認為，出現這種情況，可能有兩方面原因。

一方面，也許其中某些成分可對皮膚微生態平衡造成顯著影響。

另一方面可能與使用彩妝後過度清潔（卸妝）有關。過度清潔損傷了皮膚屏障，導致肌膚脆弱敏感，容易受到刺激和攻擊而發生美容性痤瘡。這些推測還需要更多研究的證實，但這些現象確實存在，值得警惕。出現這種情況時，不能認為是「排毒」。

 冰寒答疑

用完乳液還需要用霜嗎？

視情況而定。如果乳液不夠保濕，則可以乳上加霜；反之可以只用乳。當然也可以不用乳而只用霜。

霜的營養更豐富嗎？

霜裡面的油分含量要高一些，但與營養成分豐富與否並不存在絕對的對應關係。現在還有一些品牌為了使霜用起來清爽，會減少油分的使用量而增加水溶性的增稠劑，使它看起來有霜的質感，但又不油膩，這種霜其實更像是乳液。

把乳或霜放到水裡，透過下沉與否、是否黏杯壁來看它的好壞，可靠嗎？

不可靠。冰寒曾在中央電視臺《東方時空》的專題採訪中，現場做過實驗。很多因素會影響乳霜在水中的表現，無法用它來判斷產品品質、效果、原料和安全性。

不同膚質在各個季節怎麼選乳液和霜？

大體需要從兩個角度考慮。首先，看該產品是否符合你的功能預期（比如美白、抗氧化、舒敏等），這需要你學會看成分表。

其次，看你的使用感受，內容十分廣泛，大部分是非常主觀的，例如：香味、黏度、油膩感、滑感、是否啞光、是否刺痛、顏色感、保濕度（塗完後皮膚是否能保持滋潤）等等。

打造完美
素顏肌
每個人都
該有一本的
理性護膚聖經

Chapter 03 | 看透護膚品

一般來説，夏季可以用乳，而秋冬則可能需要用霜。當然也有一部分人皮膚本身就比較滋潤，冬天用一點乳也能保持肌膚滋潤不緊繃。

為什麼有的乳／霜用完油光滿面，有的卻有很好的啞光效果？

如果產品中油分含量高，且多為浸潤性弱的礦物油，則用完後油光感會更強一些，極端的例子如凡士林。

使油光感減少的方法非常多，例如：減少產品中油分含量或者多使用一點合成酯類、添加一點粉體成分等等。冰寒認為，油光感是一項感觀指標，而不是功能指標，所以完全可以根據各人的喜好選擇。

乳液還可以作清潔之用？

沒錯。乳液中含有水分，也含有油分，還含有乳化劑，所以是有清潔功能的。皮膚特別敏感時或應急狀態下（比如你忘記帶潔面產品了），都可以用乳液來做清潔，做完後皮膚也很滋潤。這樣做的缺點是：太奢侈。

小延伸

糾結的乳化劑

乳化劑是一個充滿爭議的角色。一方面，乳化劑的應用，促進了日化工業的快速發展，各種形態的原料在乳化劑的作用下可以均勻穩定地和平共處，極大地改善膚感，也能豐富護膚品的形態。有些乳化劑還可以用作增溶劑、促滲劑，促進一些物質在皮膚的滲透和吸收。

但另一方面，乳化劑也有許多為人詬病的地方，例如：

許多乳化劑都具有一定的刺激性，對敏感性皮膚表現得尤其明顯；過多使用乳化劑，可致皮膚表面的皮脂流失，使皮膚自身的保濕力減弱。在皮膚學研究中，常常使用表面活性劑（常用的如月桂基硫酸鈉）來誘導產生乾燥皮膚模型[8]。

或許，未來會出現水相和油相分開來的產品，先使用水相，再塗上純油相的產品。這樣就可以避免使用乳化劑了。也有一些乳化成分或技術沒有傳統乳化劑的缺點，例如卵磷脂作為乳化劑就是非常安全的，它唯一的缺點就是貴。

就目前我們知道的資訊而言，無須妖魔化乳化劑。對於不同乳化劑的安全性，也不能一概而論。

打造完美
素顏肌

每個人都
該有一本的
理性護膚聖經

Chapter 03 | 看透護膚品

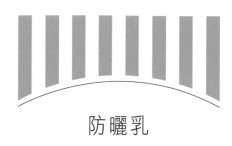

防曬乳

　　為了防止紫外線對皮膚的損傷，選擇正確的防曬乳至關重要。雖然我倡導大家優先使用硬防曬，遵循防曬的ABC原則，但防曬乳並不是一個可有可無的角色，尤其是在游泳、夏天長時間進行戶外活動有大面積皮膚裸露、硬防曬無法提供良好保護時。

　　那麼，我們該如何挑選防曬乳呢？

有合適的SPF值

SPF值是什麼意思？

　　SPF即防曬係數（sun protection factor），準確地說是「防曬傷係數」，是基於用UVB照射皮膚後的變化計算的。

$$SPF = \frac{塗防曬產品後出現曬傷紅斑的劑量（時間）}{未塗防曬產品出現曬傷紅斑的劑量（時間）}$$

　　這個學術化的概念一般人理解起來有點難，你可以這樣通俗地理解：若裸皮膚20分鐘被曬紅，塗了SPF15的防曬乳，大概意味著300分鐘後才會被曬紅。SPF4～6為中度防曬，6～8為強防曬，8～15為高強防曬，15以上為超強防曬。可以粗略地認為，SPF值主要代表了防曬品對UVB的防護能力。

實際上，UVB也可以把人曬黑，只不過在曬傷的時候你還沒有黑而已。

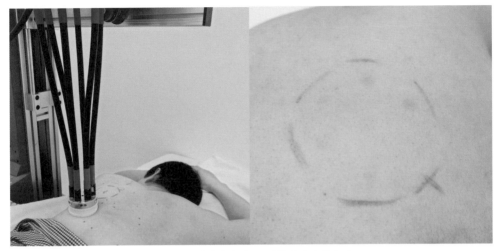

SPF測試場景及皮膚被UVB照射後產生的紅斑

為什麼只需要合適的SPF值？

防曬劑屬於限用物質，因為許多防曬成分或多或少地具有刺激性，有一些還有光敏性，而SPF值要提升，意味著要使用更多的防曬劑，這無疑會增加安全性、刺激性方面的不利因素。

另一方面，SPF值的上升與所能阻止／吸收的UVB數量並不成正比。在SPF15時，93%的紫外線被阻擋；SPF值增加至30，阻擋的紫外線僅增加了3.7%。因此在能夠保證用量的情況下，並不需要盲目追求高SPF值，這樣做不經濟，也會帶來更多潛在風險。

打造完美
素顏肌
每個人都
該有一本的
理性護膚聖經

Chapter 03 | 看透護膚品

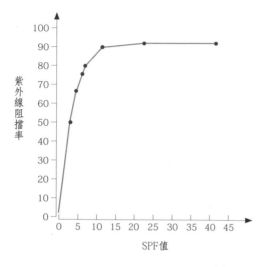

SPF 值與紫外線阻擋率曲線 [9]

SPF 值與紫外線阻擋率的關係

SPF 值	紫外線阻擋率
SPF10	90.00%
SPF15	93.00%
SPF20	95.00%
SPF30	96.70%
SPF50+	≥98.30%

資料來源：
香港中文大學
Chan Lap Kwa, 11 December, 2009

為什麼中國的SPF值曾經最高只允許標到SPF30？

　　這是基於中國人的實際情況制定的標準。首先，黃種人的皮膚中黑色素含量較高，故比白種人更不易曬傷；其次，若以一般人20分鐘肉眼可見曬紅為一個單位，SPF30可提供600分鐘的曬紅保護，長達10小時，即使在日曬最強烈的夏天，這個保護時間也足夠了。不過，研究發現很多人存在防曬乳使用量不足的情況。綜合考慮了各方因素之後，2016年法規進行了修改，允許最高標到SPF50。

[小提醒]

防曬乳你用夠量了嗎？

　　防曬乳標準的使用量為2mg/cm²，若使用量不夠，防護效果就會急速下降。但調查表明，實際生活中，相當多的人雖然使用了高指數的防曬乳，用量卻只達到標準的1／2～1／3，這意味著他們僅能獲得1／4甚至1／9的保護。因此一定要塗抹足夠量的防曬乳才可以得到足夠的保護。

▌一定要有足夠的PA值

過去談到防曬，首先想到的是防曬傷。曬傷是一種急性效應（準確地說，是光毒性效應），肉眼可見、非常明顯。但隨著研究的深入，人們發現UVA可以造成持續性、累積性的深層損傷。現在這些作用已被廣泛認識，UVA的防護也成為考慮重點。我建議購買防曬乳一定要考慮對UVA防護能力強的產品，愈強愈好。對UVA的防護能力，一般以PA值來表示，PA值愈高，則產品對UVA的防護能力愈好。

美國防曬產品不使用PA值標示。SPF15以上且通過了相應測試的防曬乳，可以使用Broad spectrum（寬光譜）標示，表示對UVA和UVB均有防護作用。

PA值是什麼意思？

PA是日本對UVA防護力的等級標示體系，即protection grade of UVA（UVA防護等級），由日本化妝品工業協會（JCIA）於1995年頒布。以PFA（UVA防護指數）為標準，PFA的測試方法與SPF類似，只是光源換成了UVA，且判斷的依據是UVA造成的持續性黑素沉著。PFA在2～3為PA＋，4～7為PA＋＋，8以上為PA＋＋＋。

PFA為UVA防護指數（UVA protection factor），採用人體測試方法測量。

$$PFA = \frac{塗了防曬的MPPD}{未塗防曬的MPPD}$$

MPPD：最小持續黑化劑量（minimum persistent pigment darkening），將皮膚暴露在UVA下後，皮膚上可出現持續性的黑色色斑（標準是保持至少2小時），造成此持續性色斑所需要的最小UVA照射劑量即為MPPD。

為什麼需要高PA值？

之所以強烈建議挑選高PA值的防曬產品，是因為UVA比UVB更可怕。它的穿透力更強，而且造成的損傷是累積性的。UVB可以被玻璃阻擋，UVA卻可以透過窗戶；在陰天和多雲天，UVB可能已經損失大半，UVA可能依然強烈。在日光紫外線中，絕大部分是UVA，只有少量是UVB。雖然紫外光損傷是由UVB和UVA協同完成的，但UVA造成的傷害更加持久和廣泛。

有一些讀者帶著防曬產品到試驗室做測試，我們發現，有一些產品可以良好地防護UVB，對UVA的防護力卻很弱，但這些產品卻非常暢銷，有的因為膚感甚佳且價格低廉，口碑非常

打造完美
素顏肌
每個人都
該有一本的
理性護膚聖經

Chapter 03 | 看透護膚品

好。這從側面說明：公眾對UVA防護的重要性尚未充分認識，因此更需要大力強調。

為什麼中國PA值曾經只允許標到＋＋＋

PA值的測定需要人體試驗，受試者塗抹了防曬乳後平躺在床上，以日光模擬器照射皮膚，根據色斑沉積的情況來判斷。由於色斑沉積是一個緩慢的過程，試驗需要長時間的等待，如果要測試到PA＋＋＋＋，時間可能長到讓人無法忍受，試驗難以進行，操作性太差，對受試者本身也是不必要的痛苦。但考慮到市場的實際需求，法規已進行了修改，現在已允許標至PA＋＋＋＋。

▌恰當的防水性

防曬產品的防水性是什麼意思？

防水性是指防曬產品塗抹於皮膚表面後，被水沖洗、被汗液沖刷後，是否還能保持足夠的紫外線防護能力。如果你經常去游泳或者長時間進行戶外活動，身體大量出汗，又暴露在陽光下，則必須要考慮防曬乳的防水性。

如果產品宣稱具有抗水性（water resistant），則需要通過40分鐘的防水測試；若產品宣稱具有強抗水性（very water resistant），則所標示的SPF值應當是經過80分鐘的抗水性試驗後測定的SPF值。如果洗浴後測定的數值減少超過50%，則不得標示具有防水功能。

防水性帶來的優點和缺點是什麼？

顯然，防水的防曬乳可以提供特定環境下的保護，避免因液體沖刷而造成防曬力損失。但是，為了使其具有防水性，不被水溶解和沖釋，則需要選擇不被水溶解的油溶性基質。這些成分可能很難被清潔，也可能更具致粉刺性，使皮膚感到比較悶和油膩。

少數防水性極強的產品，甚至需要使用專用的卸妝工具和產品來清潔，費時費力，還可能損傷皮膚。

因此，我建議根據自己的活動場景決定是否選擇防水性防曬乳。例如：

• 只是在辦公室、學校裡活動，並沒有大量的戶外活動，出汗少甚至不出汗，這種情況下完全可以選擇非防水性、易清潔的防曬產品。

- 一般的戶外活動，可選擇中等防水的產品。

- 長時間進行戶外活動、高強度戶外活動（大量出汗）、露天游泳時，選擇超強的防水性產品。

總之，要盡可能減少護理的步驟，減輕肌膚的負擔。

▌合適的防曬劑類型

此處，防曬劑類型是指化學（有機）防曬劑和物理（無機）防曬劑。

1. 物理（無機）防曬品：使用物理防曬劑的防曬產品就是物理防曬品。物理防曬劑是用於阻擋、反射紫外線的無機物，最常用的是氧化鋅（ZnO）、二氧化鈦（TiO_2），這兩者沒有刺激性，但實際上它們也具有吸收紫外線的功能。其他具有防紫外線作用的物質還有高嶺土、滑石粉、氧化鐵、珍珠粉等粉末。物理防曬劑相對來說更穩定、安全，而且可以提供從UVB到UVA的全波段防護。

因為添加量和物質特性的關係，過去的物理防曬乳通常比較厚重，塗在皮膚上顏色發白、偏青，不過氧化鋅和二氧化鈦粉碎成奈米級以後也可以有透明的外觀。現在的物理防曬乳已經可以做得輕薄透明、不影響膚色了。

2. 化學（有機）防曬品：使用了化學防曬劑的則為化學防曬品，它們透過吸收紫外線、發生光化學反應來避免皮膚損傷。這種反應叫做離域共振效應，簡單地說，就是防曬劑吸收紫外線，把紫外線攜帶的能量用對皮膚傷害更小的形式——紅外線或可見光釋放出來。

化學防曬劑通常是透明的，具有更加輕薄和自然的外觀。化學防曬劑若被皮膚吸收，則可能產生光敏反應，有些化學防曬劑有一定刺激性，其添加量有上限規定。

有許多產品為了達到輕薄透明與防曬力的平衡，採用化學和物理防曬劑結合的配方。不同的防曬劑對不同波段紫外線的防護能力也不同，所以把它們配合起來使用，以使產品在各個波段都有比較好的防護能力，也是業界通用的做法。

防曬乳是否油膩、厚重，主要與其配方、是否防水有關，與使用化學防曬劑還是物理防曬劑並沒有必然聯繫。

不同類型防曬劑的安全性

氧化鋅是一種抗炎的成分，因對於各處皮膚的炎症都有緩解效果而被人青睞。奈米級的二

打造完美
素顏肌
每個人都
該有一本的
理性護膚聖經

Chapter 03 | 看透護膚品

氧化鈦、氧化鋅出現以後，有人開始擔心太細的顆粒是不是會進入到皮膚內部而帶來不可預見的風險。

已有研究證實氧化鋅不會轉移至真皮層，而二氧化鈦也只是作為粉體被吸入肺後對人體才有危害，在防曬乳中是安全的[10]。

有報導稱二氧化鈦在皮膚上被照射時，會產生單線態氧自由基，可能對皮膚造成傷害，不過這也很容易透過添加維生素C、維生素E等抗氧化成分，或者對二氧化鈦顆粒進行包裹的方法解決。

相對而言，化學防曬劑的安全性要複雜得多。早期使用的一些成分如對氨基苯甲酸（PABA）是很不安全的，二苯酮類（dioxybenzone）在強烈日光下暴露較長時間，很容易引發光敏性皮炎；水楊酸酯、肉桂酸鹽、樟腦衍生物都有一定的刺激性；用於防護UVA的阿伏苯宗則很不穩定，而且很容易讓衣物染黃。防曬劑之間的作用複雜，肉桂酸鹽可以加速阿伏苯宗分解而使其失去防曬能力，奧克立林則可以穩定阿伏苯宗，使其長時間保持防曬能力。

但是近年開發的新型化學防曬劑，如巴黎萊雅公司的專利Mexoryl XL和Mexoryl SX、瑞士的Tinosorb S和Tinosorb M就是具有很好的光穩定性和防曬能力，同時刺激又低的防曬成分。還有更多新型的防曬成分也在陸續開發中，植物防曬成分的研究也是方興未艾，也許未來會有更多更安全又有效的防曬成分出現。

[小提醒]

防曬噴霧

防曬噴霧若從呼吸道吸入，會損害健康；另外，它也容易刺激眼、鼻腔的黏膜，故防曬噴霧主要用於身體大面積防曬和面部少量補防曬，以及不易塗抹到的部位（如背部）的防曬，不推薦面部日常直接噴射使用。若要塗抹在面部，建議先近距離噴在手上，再均勻塗抹。

防曬噴霧其他方面的評價指標與防曬乳是相同的，包括SPF值、PA值、防水能力等，注意瓶身標示即可。

隔離霜&BB霜

| 隔離霜

隔離霜是什麼？

世界上本沒有隔離霜，它最早不過是妝前底霜（pre-make-up base），作用是讓後面的彩妝產品更貼膚、平滑。

但妝前底霜後來被商家賦予了「防止彩妝傷害」的功能，變身為「隔離霜」。隨著市場的發展，更多的概念被植入了隔離霜，使它變成跨界產品，例如：

- 修正膚色：起到了粉底的作用。
- 隔離紫外線：起到了防曬乳的作用。
- 隔離灰塵、自由基、電腦輻射：這些並無科學根據。

有數十名志願者向冰寒提供了自己使用的隔離霜的配方表，經分析，大部分隔離霜與粉底、BB霜等並沒有本質區別，有的隔離霜本身就是防曬乳，例如倩碧的CityBlock系列。所以隔離霜的名字並不重要，重要的是它實際上由什麼成分構成、有什麼作用，比如有的是美白保濕，有的是修正膚色，有的是遮蓋，有的是防曬。

隔離霜真的能防電腦輻射嗎？

不能。完全沒有必要因為「防電腦輻射」而使用隔離霜。我測試了不同品牌的桌上型電

打造完美
素顏肌
每個人都
該有一本的
理性護膚聖經

Chapter 03 ｜ 看透護膚品

腦、筆記型電腦的電磁輻射，輻射量極低，比起手機撥號時的電磁輻射量，幾乎可以忽略不計。桌上型電腦基本測不到電磁輻射，筆記型電腦只是在螢幕與鍵盤的接合處有低量的電磁輻射，可以肯定的是：這些輻射都是安全的。這個結果是符合情理的，因為所有的電腦都非常注意自身內部元件的電磁屏蔽。

有的人一聽到輻射就很害怕，其實輻射不過是能量的傳播方式。光、熱、無線電波，都是以這種方式傳播的。普通的低劑量電磁輻射對人體健康並不會產生影響，真正對人體有害的是高能量電離輻射，但這和電磁輻射是兩回事。

電磁波就算是有影響，也不是隔離霜可以防得住的。因為電磁波的波長較長，而且由於它的繞射作用，可以穿透牆壁，隔離產品對其沒有任何阻擋作用。

隔離霜可以隔絕髒空氣嗎？

沒有證據表明隔離霜可以隔絕髒空氣。如果隔離霜能做到，那麼其他的霜也可以做到。大量的粉塵、氣溶膠、具有氧化性的化學基團對皮膚有負面作用，但這些問題的解決並不能依賴隔離霜（詳情參見本書第四篇的《霧霾下的肌膚護理》一節）。

▎BB霜

BB霜的起源

BB霜起源於德國。1968年Dr. Schrammek（雪媚兒）推出了BB霜，用於去角質後的修復和保護，產品同時具有輕微的遮瑕作用；1970年，在德工作的韓國護士將BB霜非正式引入韓國皮膚診所和美容中心，直到後來明星們開始使用，BB霜才流行開來。

現在的BB霜是什麼？

現在的BB霜已經變成了一款「萬能」產品，不斷糅合進更多功能，實質上它與粉底已經沒有什麼區別了，可以認為市面上的諸多BB霜就是粉底霜。

臺灣弘光大學化妝品研究所的徐照程博士說：「根據我們的試驗結果，BB霜並沒有比一般市面上的隔離霜、粉底提供更多所謂皮膚保養的功效，甚至連最基本的保濕效果都沒有特別突出，所以我想是不需要把它視為保養品的，也不用期待它能帶來涵蓋前端保養到後端底妝的全能性效果。」

在分析了許許多多的BB霜之後，我持同樣觀點。

在BB霜風靡了幾年之後，這個行銷概念已經被透支得差不多了，於是又出現了CC霜、DD霜、EE霜，或許ZZ霜也在醞釀之中，不過其根本功能仍然是遮瑕和修飾，也就是說：它們與粉底並沒有本質區別。近年又出現了素顏霜，可以認為是更強調護膚的輕量BB霜，其中添加的遮蓋類成分可以在較短時間內實現皮膚外觀的改善，但作用原理和BB霜並無二致。

應該用BB霜嗎？

如果粉底有存在的理由，BB霜亦然。如今，BB霜仍然廣受歡迎——誰沒個想以完美形象示人的需要呢？

然而，也有很多使用過BB霜的女性向我反映，使用BB霜會讓痤瘡、粉刺加重，有的人因為是敏感皮膚，想用BB霜遮蓋，結果愈遮愈紅，愈來愈離不開BB霜，這種現象可能與某些BB霜添加的色素、防腐劑有關，也可能與卸妝造成的皮膚屏障損傷有關，還可能與BB霜內某些成分有關。但出現此類現象的原因，仍有待調查。

帶有SPF值的BB霜或粉底可以代替防曬嗎？

很難。冰寒用某知名品牌帶SPF值的粉底做了個測試，要想達到標稱的防曬效果，需要塗到照片中這麼厚（$2mg/cm^2$）！

為什麼會這樣呢？因為BB霜和粉底以修飾和遮瑕為基本作用，它追求的是：塗少量即可達到修飾效果，又不會讓皮膚太悶。但塗的量太少，遠少於$2mg/cm^2$的用量，就意味著它無法達到標準用量下的防曬能力（其SPF值是在用足$2mg/cm^2$情況下測試得到的）。

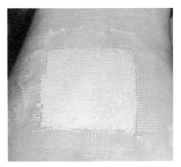

所以，即使用了BB霜或粉底，還是要老老實實地做好防曬，不要掉以輕心。

打造完美
素顏肌
每個人都
該有一本的
理性護膚聖經

Chapter 03 | 看透護膚品

眼部護膚品

　　從基本構成上看，眼霜、眼膠等與其他面部產品沒有本質區別：如果使用油、水混合，則多製成乳、霜體；如果追求清爽，則多使用膠體類基質，做成透明的凝膠，當然，也有做成精華液的。

▍眼霜是一個騙局嗎？

　　有種說法認為眼霜和面霜並沒有什麼本質區別，所以眼霜是護膚品中「最大的騙局」。冰寒對這個說法持保留意見。一個人的T區和V區膚質不同，尚且需要分區護理，眼部肌膚和其他區域的皮膚有很大不同，因此──至少部分膚質的人──單獨選擇適合眼部肌膚的護膚品是合理的。

　　眼部肌膚是全身上下最薄的部位之一，因而很敏感，容易受到損傷和刺激。冰寒就有親身經歷，使用同一種護膚品塗抹於全臉，上眼瞼對這種產品發生了不良反應，而其他面部肌膚則沒有反應。

絕大部分人的皺紋從眼部開始出現，易於顯出衰老徵兆，一方面是因為眼部皮膚薄，真皮基質較少；另一方面是因為眼部肌膚運動頻繁。

眼窩是一個凹陷部位，如果不特意給眼周肌膚塗抹護膚品和按摩，僅靠手掌塗抹面霜是很難照顧到眼部的。

眼部肌膚還很容易乾燥，因為相對於鼻及口周，眼部肌膚的皮脂腺要匱乏得多，對肌膚的滋潤作用也更弱。

眼部肌膚的特點決定了更溫和、更保濕，並在功效上主要偏向於抗皺防老的產品才更適合眼部。

如果認為眼部產品與普通護膚產品毫無差別，那麼大部分的人，尤其是混合性、問題性肌膚，用去痘、控油或褪紅產品來滋潤眼部肌膚，在冰寒看來是不合適的。

▌眼霜常用的功效成分

・多肽類：又稱「胜肽」，種類很多，有些著眼於促進真皮合成膠原蛋白和玻尿酸；有的著眼於模擬肉毒桿菌素的作用，對付動力性皺紋。

・維生素C：既可以抗氧化，又能促進真皮合成膠原蛋白。

・維生素E：抗氧化，減少光損傷。

・維生素B₃：促進皮膚屏障功能完善，減輕光老化。

・人參萃取：主要成分為人參皂苷，具有良好的抗氧化、抗衰老作用。

・接骨木萃取：活血，促進微循環，主要針對黑眼圈。接骨木萃取一般含量較低，若含量過高對皮膚會產生刺激。

・維生素A及其衍生物：包括維生素A、視黃醇棕櫚酸酯等，可以減輕光老化，減輕過度角質化，使皮膚柔嫩。

打造完美
素顏肌
每個人都
該有一本的
理性護膚聖經

Chapter 03 | 看透護膚品

 冰寒答疑　**關於眼霜**

震動眼霜是否很神奇？

　　震動眼霜是一種創新，一個小電器在使用時開啟並不斷震動，起到按摩作用。坦白說，目前還缺乏這樣按摩對眼部有什麼好處的具體研究報告，不過適度按摩一般都能舒緩情緒、促進微循環、放鬆緊張的肌肉。由於震動眼霜震動的幅度較小且很輕柔，不至於用力拉伸肌膚而造成損傷，因此震動眼霜可以說有它的優點。

塗眼霜長脂肪粒是因為它太油了嗎？

　　冰寒傾向於認為這是輕度的接觸性皮炎（過敏），起疹是肌膚不適應的表現，尤其是一用就起、一停就消的情況。這與眼霜是否油沒有直接關係。有人使用不含油的凝凍類產品也會出現這種情況。一旦發現這種狀況，應當立即停用，並避免再次使用同一產品。

　　還有一部分人所說的「脂肪粒」實際上是粟丘疹，這是一種皮膚病，尚無特效治療方法，與使用不使用眼霜尚無明確關係。

面膜

　　在皮膚清潔、快速促進補水、軟化角質、促進有效成分滲透至皮膚內或毛囊中等方面，面膜具有獨特的價值。適度使用面膜，根據自己的膚質來選擇不同類型的面膜，可以為肌膚加分。但不正確地使用面膜，也可能損傷皮膚。

▌認識面膜家族

　　片狀面膜：面膜液多數是水性配方，流動性更強一些，清爽不油膩，使用很方便，用來補水是不錯的。片狀面膜因為有面膜布的作用，封閉性更佳，但也因裁剪關係常留有死角。

　　膏乳狀面膜：含有油性、水性成分的乳化體，保濕效果通常更好。因為有油、水兩類成分，所以水溶性、油溶性的功效成分都可以加入，比較全面，塗抹後也不易留死角。但它的缺點是要用到乳化劑。

　　泥狀面膜：通常含有高嶺土、黏土等粉體，可以增強對油分的吸附性，適用於油性皮膚，具有清潔作用，用後皮膚很乾爽。

　　凍膠或凝凍狀面膜：通常是純水性配方，不含油分，補水效果佳而保濕能力弱。可以視為片狀面膜中液體的增稠版。各種皮膚都可以用，在夏季更為流行。此類面膜通常配方都比較簡單，面膜質地輕而且好看，但並不代表就一定有更強的功效。

打造完美
素顏肌
每個人都
該有一本的
理性護膚聖經

Chapter 03 | 看透護膚品

免洗面膜：也就是睡眠面膜。睡眠面膜的實質是霜或凝凍。許多女性沒有使用晚霜的習慣，睡眠面膜換了個名字反而更受歡迎。一般來說，睡眠面膜的質地並不那麼黏稠，一般不會堵塞毛孔。但是由於取了「面膜」的名字，有人會塗得比較厚，這可能對皮膚帶來不利影響。

撕拉式面膜：撕拉式面膜利用膠體的黏性來實現清潔，適合油性、衰老性肌膚，痘痘肌應當慎用（粉刺肌可以用，除此以外的各種丘疹性、炎症性肌膚均應慎用）。建議盡可能用牽張力弱一些的、溫和的面膜。需要注意的是，撕拉過程中會剝脫掉一些表層的角質，過多使用可能會破壞皮膚屏障的功能，導致皮膚乾燥、缺水、敏感。所以撕拉式面膜不要頻繁使用，最多每週一次，敏感肌膚、乾性肌膚則完全不建議使用。

泥漿或軟膜粉：塗抹式的泥漿類、軟膜粉類面膜乾掉後，不要揉搓面部，應該先用水潤濕面膜，再用水或者潔面產品徹底清洗，或者在其半乾狀態時就剝掉，以免乾掉的面膜顆粒變粗，揉搓時對正常角質層產生傷害。

水凝膠面膜（巴布貼面膜）：這是一種以和水分可高度親和的樹脂為基質做成的面膜，含水量適中，是非常不錯的營養成分輸送載體，可以整夜使用。現在已有產品用於改善黃褐斑、收縮毛細血管及修復皮膚屏障。未來這種類型的面膜可能會發揮更大的作用，例如促進精華的吸收。

水凝膠面膜

▎ 片狀面膜材質的虛虛實實

片狀面膜的功效主要取決於其中的面膜液，不過面膜布及其剪裁方式也會影響到使用感受以及價格。

無紡布面膜

無紡布是最早的一種面膜材質，由棉或其他纖維製成，但是順應性略差，不夠服貼。

蠶絲面膜

一般所稱的蠶絲面膜並不是真的由蠶絲製成的，而是一種織法，採用了半網狀結構，有更好的彈性，而且吸取液體後更透明，使用起來有更好的貼膚性。以我對養蠶以及蠶絲價格的了解，估計不太會有人真的用蠶絲纖維來做面膜。

生物纖維面膜

果纖等生物纖維製成的面膜也是非常好的，順應性好，也很柔和，但是價格較高，性價比略低。

凝水面膜

在來源於天然木材的纖維上枝接高度親水的基團而成。這種膜布在乾燥狀態下和普通膜布看起來沒什麼分別，但接觸水之後，會迅速變成柔軟、濕潤的類似凝膠的狀態，具有極佳的保水能力，是一種創新的面膜材料。此種膜布使一些新型面膜的開發成為可能。

其他材質面膜

蕾絲面膜、刺繡面膜、黃金面膜、白金面膜、泡泡面膜之類完全是噱頭。

打造完美
素顏肌
每個人都
該有一本的
理性護膚聖經

Chapter 03 ｜ 看透護膚品

▋ 四招教你挑好面膜

1. 價格不能太便宜

十幾元一片的片狀面膜除去各種費用後，真正用在產品上的成本恐怕只有幾毛錢，這樣不可能做出一片好面膜。某網站上曾有款面膜僅售5元／片，十分暢銷，冰寒曾在一檔電視節目中當場測試，發現它添加了大量的螢光增白劑。

2. 學看成分表

比如排在防腐劑、卡波姆（聚丙烯酸交聯樹脂）、玻尿酸鈉後面的成分一般添加量都是極低的。一般而言，有效成分需要達到足夠的濃度才可起到相應的效果，添加量過低往往只是美化一下成分表而已。而且，面膜一般不需要有非常複雜的防腐成分，防腐劑用得過多的建議謹慎使用。某些防腐劑比較刺激（例如甲基異噻唑啉酮），導致過敏的概率較高，需要注意避免不良反應。

3. 速白效果要留心

比如，在面膜中加入大量的二氧化鈦，使用之後覺得膚色變亮，其實很可能是因為臉上殘留了二氧化鈦而導致的「假白」而已。所幸它是無害的。

有讀者向我回饋，她使用面膜能讓臉保持白皙兩天，之後就會恢復原樣，這種情況通常是添加了螢光增白劑所致。

許多人用了某些面膜之後效果非常好，皮膚變得白裡透紅，但是一停用，皮膚就開始刺癢、潮紅、乾燥，一用此面膜又變好了。這類產品要十分警惕其中是否含有類固醇激素成分。若不小心使用了這種產品，應立即停用並就醫。

4. 盡量避免選擇有刺激性的產品

面膜作為促進皮膚吸收的密集護理產品，在促進皮膚水合、促進有效成分吸收的同時，也會方便有刺激性、有害性成分的滲入，所以其中有刺激性的成分愈低愈好。面膜的生產工藝十分嚴格，要將膜袋材料、膜布滅菌後再注入面膜液方可。但有些廠商為了省成本，不做滅菌，直接加較高濃度的防腐劑，有的產品撕開時就一股濃重的甲醛味（一種非常刺鼻又有點酸的氣味），對這種產品千萬要小心。

另外，也應當避免一些去角質成分（果酸等）對皮膚造成刺激，不能臉都辣得痛了還覺得這是由於臉部缺水引起的，還繼續做面膜「補水」，這對皮膚是無益的。

▎關於DIY面膜

很多愛美之人有DIY面膜的愛好，DIY面膜的主要原料來自各種礦物、水果、蔬菜、草藥等等，甚至還有鮮肉和豬皮。

其實大體而言，DIY面膜是不錯的，只要選材安全、衛生，並且適合自己，用後沒有不良反應就好。

但多數水果面膜其實都不值得做，原因如下：含糖量太高，膚感不舒服；含酸量太高，有可能造成皮膚刺激；有效美容成分如維生素E、維生素C、維生素B群等含量太低。曾有讀者向我回饋說她把檸檬片敷在臉上想淡斑，結果整個臉都腫了。其實，檸檬中真正酸的東西並不是維生素C，而是高濃度的檸檬酸，對於皮膚的刺激性非常大，所以淡斑不成先紅臉也就不難理解了。

打造完美
素顏肌
每個人都
該有一本的
理性護膚聖經

Chapter 03 | 看透護膚品

　若真是看中天然食材的補水作用，黃瓜、絲瓜、豆腐這類溫和的材料也許可以考慮。

　個人建議可以在學習、掌握了一些植物的成分和功效後，使用植物粉面膜，例如茶葉、人參、丁香、絞股藍、黃芩、綠豆、甘草等。重點是：保證面膜材料乾淨，適合自己，並且不會造成不良反應。

彩妝產品的使用建議

彩妝產品主要起到遮蓋、修飾、美化、填補、調整的作用。在設計彩妝產品時,我們主要考慮的是這些方面的功能以及基本的安全性,而不側重於對皮膚本身狀態的改善。

不能用彩妝產品代替護膚品,不恰當地使用彩妝產品,可能引發許多皮膚問題,冰寒總體上建議少化妝或者化淡妝。

▌過度使用彩妝產品會有什麼危害?

成分易致不良反應

限制使用的化妝品成分中,大部分都是與彩妝產品相關的,主要是色素、香精、防腐劑。這些成分最容易導致使用後產生不良反應。根據一些化妝品配方手冊提供的案例配方表,這三類物質在彩妝中的使用量是在護膚品中使用量的數倍。這可能是因為:

- 彩妝開蓋後使用期一般都比較長,消耗得慢,因此需要更多防腐劑。
- 彩妝的使用環境更為開放,使用時會反復暴露於空氣中,反復接觸化妝工具。
- 彩妝因為有顏色修飾的功能,添加多量色素和香精是其特有的需求。

高量的防腐劑很有可能對皮膚的微生態造成不利影響。防腐劑無差別抑制有益菌和有害

打造完美
素顏肌
每個人都
該有一本的
理性護膚聖經

Chapter 03 | 看透護膚品

菌，可能影響皮膚微生態平衡。有一些防腐劑側重於抑制細菌，那麼就可能造成真菌過度繁殖，導致真菌性的皮膚問題。不過目前這方面的研究才剛剛開始，更多的規律還有待揭示。

心理依賴讓原有問題加重

有一部分的人依賴化妝主要是因為皮膚本身的狀況不佳，又懶得去找或是一時找不到好的解決辦法，就依賴彩妝產品遮蓋面部瑕疵。彩妝帶來的即時性改變常有「換臉」的效果，深得一些女性歡心，這類「彩妝換臉」電視節目也是最受歡迎的。

只是，這種做法無異於飲鴆止渴，因為愈忽略問題，問題會愈嚴重。

冰寒認為，要樹立起正確對待彩妝的態度：彩妝應該是為健康的肌膚錦上添花，而非作為逃避問題的幌子。

強力清潔可能損傷皮膚

彩妝要求能夠持久、服貼，不易脫妝，這也使得它更難被清除。於是又衍生出繁多的卸妝工具、產品和手法。但長期強力清潔肌膚，又可能會導致皮膚屏障受損，這又成了敏感性肌膚、美容性痤瘡等的誘發因素。

但是，不少行業如演藝、空服員、窗口服務等都強制要求化妝。那麼冰寒建議，妝容盡可能淡一點；在非工作時間盡量不要化妝，給肌膚修護的時間。

也許市場上需要一類輕彩妝，它們刺激性更低（香精少，色素天然，防腐合理），更易清潔（無須卸妝），還有更多養護功能。

市面上現有的一些跨界產品，如BB霜、CC霜、EE霜，主打修飾與護膚雙功效，但看起來還不完全符合輕彩妝的這三點需求。

第四篇 04
給肌膚的特別呵護

打造完美
素顏肌
每個人都
該有一本的
理性護膚聖經

Chapter 04 | 給肌膚的特別呵護

明明白白美白

　　追求美白是對的。對東方人來說，白嫩的肌膚不僅顏色好看，更代表了保養肌膚的成效。如果肌膚黑、粗、暗，必定有乾燥、色素沉澱、衰老等問題。有很多人認為美白很困難，其實不然。

▌哪些人最需要美白？

　　膚色黑主要是因為受紫外線照射，導致黑色素過多。但如果只是抑制黑色素，相當一部分人得不到理想的美白效果。因為我們眼中的「美白」，不僅是指白，還有美——白裡透紅、細膩、膚色均勻有光澤、沒有或者很少有斑點。

　　除了膚色發黑之外，膚色不勻、色素沉著、皮膚黯淡無光、膚色發黃，都被認為是美白問題，而這些情況與皮膚炎症及血色素、身體健康、皮膚健康、營養狀況、老化都有密切關係。

炎症類原因

　　皮膚因受細菌侵襲等原因而發炎，除了會導致黑色素沉著外，紅細胞滲出死亡後，血色素會由鮮紅色變為暗褐色，沉澱於真皮層內，難以褪去，這一類可稱炎症後色素沉著。

　　· 常見膚質：較嚴重的痘痘肌、患某些皮炎的肌膚、敏感性肌膚。

身體健康和營養狀況

長期勞累、營養不良，肌膚會黯淡、粗糙、無光。導致黯淡的原因還有血液循環不好、缺水等，甚至還會有因營養不良造成的黃疸（相對少見）。

· 常見膚質：各型膚質都有出現，乾性皮膚尤甚。

老化

隨著年齡增大，人的皮膚逐步衰老，膠原蛋白出現糖化和老化，不僅使皮膚失去彈性、不再水潤，還使膚色發黃。普通美白護膚品並不強調抗糖化，故改善效果不佳。

· 常見膚質：25歲以上各型膚質，乾性、敏感性膚質尤甚。

▌所有人都可以用的美白技巧

防曬

不管是哪一類皮膚，最重要的美白方法是：防曬。可以毫不誇張地說：不防曬就不要侈談美白。

據說一天曬黑的後果，需要三個月才能消除，真可謂「曬黑如山倒，美白如抽絲」。造成曬黑的首要元兇是UVA，它的穿透力特別強。

黑色素細胞受到紫外線照射後數個小時就會加速分泌黑色素，黑色素細胞竟然有視覺感光物質（視紫紅質），對光的反應極其靈敏。不僅如此，可見光中的藍光、紫光，以及不可見的紅外線都會造成黑色素活躍。

關於如何防曬，在防曬篇中已經有詳細講述，這裡再強調一下要點：日常建議使用帽子、傘、墨鏡來做硬防曬，在硬防曬無法顧及的情況下，要使用SPF15、PA＋＋以上的防曬乳；如果是在海邊、高原或露天游泳等長時間暴露於紫外線且流汗、接觸水的情況，更應選擇SPF30＋、PA＋＋＋的防水型防曬乳，並至少每80分鐘補塗一次。

內調美白

服用維生素C、維生素E、維生素B群、綠茶萃取、番茄紅素、胡蘿蔔素等，既有助於改善敏感、痘痘等問題，又可以幫助美白。

打造完美
素顏肌
每個人都
該有一本的
理性護膚聖經

Chapter 04 | 給肌膚的特別呵護

注意早睡和適度運動，這樣可以讓血液循環更好、代謝更旺盛，面色也會更紅潤嫩白。

小延伸

美白產品有效成分作用的分類和原理

（1）有效的防曬產品：減少紫外線刺激黑色素合成。

（2）維生素C及其衍生物、甘草精華、熊果苷、凝血酸（氨甲環酸／傳明酸）、麴酸、壬二酸等：抑制酪胺酸酶活性或黑色素細胞活力。

（3）維生素B$_3$（菸醯胺）：阻止黑色素的運輸，還可抗糖化，預防皮膚發黃。

（4）果酸、水楊酸類：加速黑色素脫落。

（5）多酚、黃酮及其他植物萃取等：抗炎、抗氧化，減少黑色素的合成並使皮膚年輕化。

不同膚質最適宜的美白產品和方法

乾性和敏感肌膚

· 必須嚴格防曬（不僅有助於美白，還能減少皮膚損傷），減少刺激，避免過度護膚。

· 外用含甘草萃取、維生素C衍生物、綠茶萃取、中低濃度維生素B$_3$、黃芩萃取等且不含酒精、成分簡單的產品，幫助美白。

· 如果皮膚發紅明顯、炎症較重，先從防曬和內調做起。外用宜選擇甘草、春黃菊、馬齒莧等既可以美白又能抗炎的成分。

· 避免使用含果酸、水楊酸、磨砂顆粒的美白產品；避免使用含高濃度維生素B$_3$的產品，以免加重血管擴張；避免使用含高濃度維生素C的產品，以避免受刺激。

敏感性肌膚能不能美白？

網路上一直有傳言說美白產品敏感性肌膚不能用，用了就傷膚，因為含有汞、果酸等，這是不對的。汞是化妝品的禁用成分，也是必檢項目，任何一個負責任的品牌都不會冒險添加。需要警惕的是那些號稱能夠速效美白的產品，尤其是在非公開管道出售的產品和炒作太厲害的產品。

果酸的確不建議敏感性肌膚使用，但並非所有的美白產品都含有果酸，事實上維生素C、熊果苷、甘草精華等都具有抗炎和修復效果，敏感性肌膚完全可以使用。因此籠統地說美白產品不安全很不準確。敏感性肌膚的人也可以美白，在選購時注意查看成分即可。

油性肌膚

· 清潔補水放在第一位：皮脂過多會讓膚色看起來發黃，清潔補水之後皮膚會有更好的清潤表現。

· 除了上述溫和的美白成分之外，可以使用含有維生素A、視黃醛類、綠茶萃取等的產品，可以減少油脂分泌，同時能夠改善膚色。

例外：屬於油性肌膚但是有炎症、皮膚發紅的，如脂溢性皮炎之類的情況，應當先求助醫生，做內調美白，待炎症消失後再考慮使用其他美白類外用品。在此期間尤其應當避免使用單純的果酸、水楊酸、磨砂類的美白產品。

混合性肌膚

· 重點是分區護理：洗臉時要重點清潔T區，V區輕輕帶過，以避免V區受損。

· T區多數會比較黃一些，可以使用美白精華產品，讓T區和V區獲得均勻一致的膚色。

· V區應避免摩擦，避免使用含果酸、水楊酸以及磨砂類的美白產品。

打造完美
素顏肌
每個人都
該有一本的
理性護膚聖經

Chapter 04 | 給肌膚的特別呵護

老化肌膚

· 因老化而發黃、暗沉的肌膚特別應當使用維生素B₃、肌肽、穀胱甘肽、輔酶Q10和維生素C，並內服膠原蛋白、維生素C、維生素E、維生素A，可以適當使用果酸。綜合使用這些方法既能減少黑色素，又可以減少皮膚糖化（糖化導致發黃），過厚的角質層被去除，發黃問題也會得到改善。

· 可以使用含酒精的護膚品。酒精作為促滲成分，可以使一些有效成分更容易穿透角質屏障，進而被吸收；同時也能使肌膚在短時間內獲得較透明的膚感。

· 非炎症、非敏感性肌膚，可以使用含有果酸、水楊酸類的角質剝脫成分，避免過厚角質造成皮膚發黃、粗糙。兩到四週去一次角質是可以的。

把防曬變成習慣，並堅持以上方法，只要半年，膚色就可以獲得明顯改善。

💡 **冰寒答疑**　**幾個關於美白的特別問題**

下午臉色暗是怎麼回事？

一整天坐著不怎麼動、大腦高速運轉，再加上在密閉的室內，造成血液循環不暢，甚至輕度缺氧，這些都會導致面部顏色變暗。只要注意適度活動、休息、放鬆，加強空氣流通，就可以有良好的改善。

全身美白該怎麼做？

首要的仍然是防曬，還可以內調美白。在此基礎上，可使用去角質的方法，例如用果酸、水楊酸、浴鹽、果核粉等搓洗來去角質。相對於面部來說，身體肌膚去角質的安全性要高得多。

防曬需要注意的是：許多較便宜的身體防曬乳、防曬噴霧在UVA防護上並不是很理想，所以塗了之後照樣曬黑，因此需要根據前面的防曬篇選擇有效的防曬乳。

很多女性夏天穿著比較清涼還不撐傘；另外有的算是有點防曬意識，撐了傘，但是傘太小、太透光，仍然不足以防曬，這些都會直接影響到美白的效果。

可以使用遮蓋型的美白產品嗎？

可以，即時遮蓋型產品也是美白的好幫手，它們可以立即起到明顯的效果。隨著配方不斷升級和產品類型的交叉跨界，遮蓋型產品添加了愈來愈多的功效型成分，有的可隔離紫外線，有的添加了美白成分，這些產品大致上都是安全的，想要安全又快速地改變膚色的女性，不妨長短效結合，試試這些產品。

美白丸會有效嗎？安全嗎？

美白丸的實質是一些口服抗氧化劑的組合，例如維生素C、維生素E、穀胱甘肽、α-硫辛酸等，可以抑制黑色素的合成、促進黑色素還原，因此可以認為美白丸是有一定效果的，也是安全的。但是，美白的基礎是防曬，如果防曬沒有做好，吃美白丸想見效也很有難度。

打造完美
素顏肌
每個人都
該有一本的
理性護膚聖經

Chapter 04 | 給肌膚的特別呵護

抗衰老要趁早

　　每一個人都希望留住青春歲月，尤其是35歲以後的女性，這希望是如此迫切，以至於很多人不惜砸下重金、用遍高檔產品抗衰老。然而，只有小部分人能得到良好效果。抗衰老是不是真的很難呢？其實，借助東方女性肌膚的天然優勢，完全可以比實際年齡看起來年輕10歲甚至15歲。

　　東亞人（黃種人）血液中的胡蘿蔔素含量是白種人的3倍左右，而且東方女性的皮膚皺紋出現時間較歐洲女性平均晚10年[11]，不過在40歲以後皺紋出現的速度會顯著加快。但這優勢已經很明顯，我們還可以把優勢發揮得更大。

▌衰老是從25歲才開始的嗎？

　　很多人認為25歲前後才是皮膚衰老的分水嶺，所以25歲以後的女性才有必要抗衰老。其實，著名抗老專家、哈佛醫學博士Dr. Andrew Weil（安德魯‧韋爾）認為，把人體的衰老理解為「是從形成胚胎時開始的一個持續不斷和必然變化的過程」更為有益[12]。

　　所以，「25歲才開始衰老」這種認知是錯誤的。研究已經表明，紫外線尤其是UVA，會對皮膚造成累積性傷害，這種傷害從出生時就開始了。有關流行病學研究認為，18歲以前，很多人由於缺少防護意識，參加了大量的戶外活動，以及受到了「多曬太陽補鈣」的指導等，已經

接受了一生中50%的紫外線輻射與傷害，只是這些傷害的後果不一定被肉眼所察覺而已。當傷害繼續積累，並被肉眼察覺時，就已經非常嚴重了。這就好比堤防裡有千百個蟻穴，只是外表看起來還完好。

這段話的意思是：衰老從一出生就開始了，因此對抗皮膚衰老應該從出生就開始。

為了方便理解，來看一張照片：

從A圖看，這位女性的皮膚並沒有什麼嚴重的問題。對其紫外線照片加以分析（B圖），可以見到皮膚上已經出現了大量的暗色斑點，這些叫做「發色團」。

這張照片簡單粗暴地揭示了一個觸目驚心的事實：看起來還沒有老，但實際上可能已經老得很厲害了。

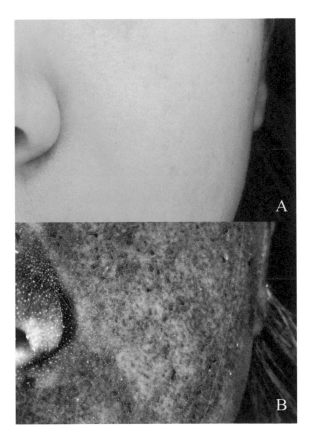

打造完美
素顏肌
每個人都
該有一本的
理性護膚聖經

Chapter 04 | 給肌膚的特別呵護

發色團是指能夠吸收紫外線的物質，在皮膚裡，發色團主要有三類：黑色素、血紅素、糖基化產物（其中主要是被破壞的膠原蛋白）。其中，糖基化產物是最重要的衰老指標之一。

隨著年齡的增大、損傷的增多，加上對皮膚又沒有什麼保護，真皮會萎縮，發色團會增多、加深，並且更容易顯露。於是，在某個時間之後（比如分娩之後），你會發現突然之間各種皮膚問題都來了，其實它們已經潛伏了很久。

再看看一位13歲少年的皮膚照片，發色團很少很淡：

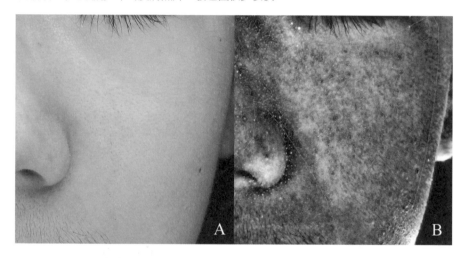

總之，抗衰老愈早開始愈好。避免或減少肌膚的老化損傷因素，提前打好健康肌膚的基礎，可以有效延緩衰老峰值的到來。倘若等到皺紋爬滿眼角，即使揮金如土地購買護膚品，大多也是回天乏術。

很多人認為預防老化工作開始得早會讓肌膚產生所謂的「耐藥性」，以至於肌膚在真正老化之後就沒有產品可用，這個觀點是十分錯誤的。抗老並不是單純地使用抗衰老護膚品，使用抗衰老護膚品也不會產生所謂的「耐藥性」，只要是肌膚缺乏的營養，就應當充分供給。當然，在不同年齡階段、針對不同的皮膚狀況，抗老的方法、產品也應有所不同。為此，我們需要了解衰老的有關機制。

衰老時皮膚裡都發生了什麼？

導致皮膚衰老的有內源性因素，如自由基和程序性衰老；也有外源性的因素，其中最主要的是日光中的紫外線。這些因素使皮膚裡發生一系列的衰老變化。

DNA損傷和細胞凋亡

強烈的紫外線會導致皮膚細胞的凋亡，其中有一部分是由名為TRPV4的離子通道被啟動導致的，另一部分則來自紫外線對細胞DNA的直接損傷。

皺紋出現

皮膚由真皮內的膠原蛋白纖維、彈性纖維、醣胺聚醣（主要是玻尿酸）形成最基本的支撐。紫外線、糖化作用、自由基及程序性衰老會導致這些成分被降解、破壞，使真皮變薄，彈性減弱，因而皺紋就更容易出現。做面部表情時，肌肉內反復收縮舒張，也會促進皺紋固化或加重皺紋，最常見的表情動作是：瞇眼（近視眼多見）、皺眉（加重眉間紋）、誇張大笑（眼周和鼻根紋）、撇嘴（法令紋和嘴角下垂）、聳眉（抬頭紋）。在防曬、抗糖化、抗氧化的基礎上，若能注意表情動作及睡姿，可以在一定程度上減輕皺紋。

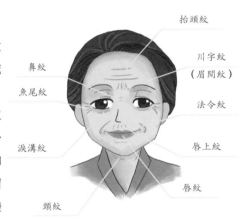

抬頭紋

川字紋
（眉間紋）

鼻紋

法令紋

魚尾紋

唇上紋

淚溝紋

唇紋

頸紋

鬆弛、下垂，彈性下降

真皮彈性減弱，會導致皮膚鬆弛，而皮下脂肪也會開始移位下垂，最突出的是腮部近嘴角處。分析衰老面部的特徵，會發現所有的人眼角、嘴角都會有下垂跡象。應當保持皮下有適度的脂肪，這樣可以使皮膚飽滿。為此應當避免過度減肥，也不能過度肥胖然後再突然瘦下來；應均衡飲食，食物中應有適當的脂類成分。

雌激素分泌以及適當的脂肪和維持女性皮膚彈性有重要關係，女性衰老的速度常常會在更

打造完美
素顏肌
每個人都
該有一本的
理性護膚聖經

Chapter 04 | 給肌膚的特別呵護

年期前後加快，與雌激素分泌功能下降的趨勢一致。所以雌激素替代療法也是延緩衰老的方法
之一。女性可多攝取大豆類食物，其中的大豆異黃酮是一種類雌激素，有助於減輕衰老徵兆。

色斑出現

由於紫外線的累積性影響，黑色素合成增多；糖化作用會導致膚色發黃；一些凋亡的細胞
可能產生脂褐素；紫外線導致皮下的發色團增多；皮膚的自我修復能力降低……上述因素都會
導致色斑加重而成為衰老的徵兆。

皮膚乾燥發黃

衰老皮膚的更新週期會延長一倍甚至更久，其中既有紫外線的因素，也有程序性衰老的因
素。角質層因不能按時脫落而異常增厚，顏色發黃；表皮獲得水分更難，故脆性增加、容易起
毛，顯得粗糙不平，對於光的反射和透射力下降，所以更加暗沉。對於這類衰老性皮膚，補
水、保濕、適度去角質是很有效的。

全面抗老——冰寒的建議

我已經不能再用更多言語來形容防曬的重要性了。如果你問我抗衰老的第一重要措施是什
麼，我一定會回答：防曬。第二重要的呢？答案：參見第一條。

如果你要問從什麼時間開始注意防曬，我的回答是：出生那天。

除日曬外，常年對肌膚造成損傷的因素有：風吹、抽菸、污染、生活不規律等。

抗衰老產品該怎麼選？

· 健康的年輕肌膚：適合使用抗氧化為主的初級抗老產品，比如紅石榴萃取、維生素E、
維生素C、茶多酚等。這類成分營養適度且沒有傷害，也是肌膚必需的營養，可以幫肌膚打下
良好基礎，避免提前衰老。

· 淺度皺紋的輕熟齡肌膚：適合使用多肽類（又稱胜肽）抗老產品。倘若你嗜甜如命，很
可能導致肌膚糖化現象嚴重，日常護理不妨使用菸醯胺（維生素B$_3$）搭配肌肽類、七葉樹萃取
等成分抗糖化。對於表情紋，可以採用注射肉毒桿菌素的方法；若肌膚出現塌陷，則可以考慮
用RF射頻美容儀處理，或者注射玻尿酸或膠原蛋白填充。

· 光老化嚴重的熟齡肌膚：因紫外線的傷害有異常的角質增厚，皮膚乾燥且皺紋深，這類肌膚更適合使用視黃醇類產品來對抗光老化症狀（例如視黃醇棕櫚酸酯、棕櫚酸視黃醛），還可以使用清理角質類成分，如木瓜萃取、水楊酸、AHA等，使老化角質脫落，新生肌膚露出，從而更顯年輕。

選購抗老產品，需要參照膚質狀況和年齡，還需要有正確的心態。你需要清醒地認識到：迄今為止衰老是不可逆轉的，只能延緩。只要選擇正確的產品搭配好的方法，就能在同齡人中有更好的狀態。我認為：外貌比同齡人年輕10歲，是可以做到的。

現在就可以行動的飲食抗老策略

· 請注重飲食健康：日常飲食中應避免攝入過多的糖分，攝入過多的糖分會加速糖化作用（糖化是導致膠原蛋白變性和皮膚發黃老化的重要原因，而膠原蛋白損失則是導致皺紋的首要原因）。

· 補充膠原蛋白也是一個可考慮的選擇：關於口服膠原蛋白是否可以美膚，頗引爭議，但近些年的諸多研究表明，服用膠原蛋白及其水解產物不僅可以幫助抗衰老、抗氧化，還能提升真皮中膠原蛋白纖維的密度、提升皮膚含水量，並且減少紫外線引起的皮膚損傷。富含膠原蛋白的食物有魚皮、豬皮、豬蹄、鳳爪等。以美容為目的，以純膠原蛋白乾粉計，每日補充量一般應大於4g（以吸收率70％計，大約要30g鮮豬皮）。而補充維生素C、花青素（OPC）、綠茶等抗氧化食物，可以清除自由基，保護膠原蛋白不被破壞，並促進膠原蛋白的合成，有利於抗衰老。關於口服膠原蛋白的相關問題，將在本書內調養顏的章節詳細探討。

· 補充維生素及微量元素：這是一種非常方便而廉價的抗衰老方法，可補充維生素C、維生素E、維生素B群等。此外，微量元素硒對抗衰老也非常重要。

最後，如果經濟實力足夠、肌膚問題又比較嚴重，也可以選擇醫學美容手術，例如注射玻尿酸、膠原蛋白、自體脂肪填充，或者射頻治療、飛梭雷射（點陣激光）治療、微針治療等。需要說明的是，除了部分低能量射頻以外，其他項目都是醫療項目，各有禁忌和注意事項，應當諮詢可靠的醫生，並在正規醫院裡進行。

打造完美
素顏肌
每個人都
該有一本的
理性護膚聖經

Chapter 04 | 給肌膚的特別呵護

怎樣瘦臉最有效？

如今流行巴掌臉，臉小的女生顯得精緻、秀氣，而16：9電腦螢幕的普及，也讓小臉在螢幕上更占優勢。

決定臉型的有三大要素：骨骼的形狀與尺寸、肌肉是否發達、皮下脂肪的厚度。隨著年齡的增長，真皮的緊緻程度也開始對臉型產生影響，因為鬆弛的皮膚會導致脂肪移位，從而讓臉下部顯得更大。所以要想讓臉變小，至少要考慮這四方面的因素。

▍能瘦臉的護膚品成分

瘦臉護膚品從作用機制上可以分為三類：消水類、減脂類和抗衰緊緻類。

消水類

最常見的是咖啡因。咖啡因具有促進血液和淋巴循環的作用。當我們熬夜、疲勞、缺乏運動時，腮部會鬆弛，並且滯留較多水分，讓臉看起來臃腫（臃腫的主要部位是腮部和眼下）。咖啡因同時也有促進脂肪分解的作用。

塗上含有咖啡因的產品，再加上按摩，讓滯留的水分排走，加快血液循環，就能讓臉部更加緊緻。總的來說，咖啡因屬於能夠較快見到效果的成分，但同時它也是一種神經興奮劑，用

量也是被嚴格管制的，所以我們不能對它抱有太高的期望。

再來是大黃萃取物，可以促進靜脈和淋巴管的微循環。大黃萃取物的主要成分是大黃素，也有一定的副作用，所以在化妝品中的添加量也是比較有限的。

接骨木（elderberry）可以強化血管，減少血管通透性，從而減少血液滲出到組織的水分，七葉樹（horse chestnut）、積雪草酸（asiatic acid）亦有類似作用。

減脂類

這類成分能夠加速脂肪分解，讓皮下脂肪變薄，適合脂肪增多導致的臉胖。這些成分大多來自植物，常用的有以下幾種：

- 茶鹼／可可鹼／咖啡因：可加速脂肪分解為甘油和游離脂肪酸。
- 丹參萃取
- 小薊
- 甜橙精油：1ppm濃度的甜橙油可以讓脂肪的分解速度增加2倍。
- 蒼朮、毛喉鞘蕊花、柴胡、輔酶A等：可幫助抑制被分解的甘油和游離脂肪酸重新變成脂肪。

其他還有肉鹼，可以加速脂肪分解產熱（作用於線粒體，線粒體可以看作人體的「鍋爐」）。

還有一些成分可以抑制脂肪合成，如木槿、藤黃中發現的鹼式檸檬酸鹽；咖啡白脂、咖啡醇和膽固醇則可以抑制脂肪的生成。南美卡巴拉樹（*Capara guyanensis*）和非洲野生芒果（*Irvingia gabonensis*）籽油可以減小脂肪細胞的體積。

二甲氧基波爾丁（dimethoxyboldine，即海罌粟鹼glaucin）提取自黃花海罌粟（*Glaucium flavum*），在體外試驗中它可以讓脂肪細胞逐漸變成間質細胞，還能分泌膠原蛋白。

抗衰緊緻類

腮部下垂的另一大原因是衰老——膠原蛋白受損失去彈性、皮膚鬆弛。所以許多抗衰老的成分都同時有讓臉部緊緻的效果，常用的成分有以下幾種：

- 維生素C及其衍生物：促進膠原蛋白合成，使皮膚更有彈性。
- 維生素A及其衍生物（如視黃醇棕櫚酸酯）：糾正皮膚角化過度的情況，讓皮膚光滑；促進真皮膠原蛋白合成，使皮膚更加緊緻。

打造完美
素顏肌
每個人都
該有一本的
理性護膚聖經

Chapter 04 | 給肌膚的特別呵護

- 菸醯胺（維生素B_3）：抑制膠原蛋白的糖基化反應，使膠原蛋白纖維保持彈性。
- 輔酶Q10、維生素E：減少自由基對膠原蛋白的傷害。

瘦臉護膚品這樣用最有效

結合使用

臉部臃腫往往不是單一原因造成的，很可能前面所說的三種情況都有，所以瘦臉應當三管齊下，既排水，又減脂，又抗老，才能達到更好的效果。熬夜、不節制的夜生活是導致水腫的重要因素，我們應養成良好的作息和生活習慣。

有一類人是因為咬肌過於發達，或者是顎骨過於寬大才顯得臉大，這類人使用這些瘦臉成分就沒有什麼效果了。可以考慮採用醫學美容手段，例如注射A型肉毒桿菌素、顎骨磨削術等，但必須注意的是要尋找正規的醫院，找可信的醫生為你操作，否則可能有損健康甚至帶來生命危險。

促進吸收

所有上述瘦臉的成分，都必須被吸收才能發揮效果，尤其是消水類和減脂類，必須進入真皮層才會有效。可以用下面的方法促進吸收。

- 臉部按摩：不僅促進吸收，也有利於塑形和直接促進循環，消除水腫。按摩方向是從下巴尖開始，向兩側至耳後提拉。去美容院做按摩還能產生心理暗示作用，自覺地約束自己的行為、改善生活方式，從而達到減脂的目的。

- 特殊的製劑：將爆裂式泡沫劑塗在皮膚表面後，用手按住，能夠快速產生極細的泡沫，然後迅速爆裂，據說這一過程可以產生超音波而促進吸收。當然，這一說法暫時還缺乏嚴格的科學考證。
- 離子導入、超音波導入：已經有研究證明用這些方法可以促進有效物質進入體內。當然，它們

進入體內的量和速度也不可能過多和過快。這是一項持久的工作。

注意飲食和生活習慣

保持良好的飲食和生活習慣,可能會讓你的瘦臉工作變得更加容易。

· 健康而平衡的飲食:低脂、低糖的飲食能避免發胖,減少膠原蛋白糖化,從而起到抗衰老的作用,皮膚自然也就不會鬆弛得那麼厲害。

· 防曬:紫外線會強烈損傷膠原蛋白,造成膠原蛋白彈性喪失,年齡大到一定程度後會非常明顯。

· 不要總吃過硬的東西:過於用力的咀嚼給咬肌提供了鍛煉機會,讓它變得更加強大——腮部就會更加飽滿了。

· 多運動、少熬夜:可以加速血液和體液循環,讓肌膚緊緻有彈性。

· 睡前飲水不要過多:減少夜間水分滯留,避免浮腫、鬆弛。

打造完美
素顏肌
每個人都
該有一本的
理性護膚聖經

Chapter 04 | 給肌膚的特別呵護

芳香療法的前世今生

　　芳香療法（aromatherapy）在西方已有非常悠久的歷史，然後經過電視媒體的普及，迅速流行起來。精油以其獨特的香味和氣質贏得了女性的芳心。作為自然的產物，芳香產品帶給人的身心、感官體驗是無與倫比的。

▎芳香療法真的有用嗎？

　　芳香療法有許多流派和說法，有很多是歷史或商業的觀點，不一定符合現代科學，不過，精油的作用並不全是空穴來風。許多精油，經現代研究證實確實有許多生理和醫學效應。

- ・薰衣草精油：能夠止癢、抗炎、抑制多種微生物生長，適合油性皮膚。
- ・茶樹精油、迷迭香精油：具有很強的抗菌作用，對於一些炎性丘疹有很好的輔助治療作用。
- ・丁香和肉桂精油：對真菌有很強的殺滅作用。
- ・天竺葵精油：具有抗病毒作用。
- ・洋甘菊精油：含有紅沒藥醇（bisapol），具有抗敏作用。

　　精油的作用不僅體現在這些「物質作用」上，還體現在精神作用上。由於萃取自各種天然植物，精油均帶有特殊的芳芳，至少在目前，這是人工香精無法模擬的。它帶給人森林、草

原、田野、花園等各種美妙的氣息，有助於放鬆精神。在放鬆狀態下，人的皮膚狀態會更好。

　　植物的天然香氣被證實可影響情緒並與愉悅感關聯。情緒測繪法顯示：小柑橘香味效用在於幸福感和興奮，香草味則讓人放鬆，心理、生理測試證實了這些發現。情緒和心理健康也是健康的組成部分，這是芳香療法的生理和心理學基礎之一。

　　在專業的SPA（水療）會館，美妙的芬芳，輔助以按摩、沐浴、桑拿，可以讓人的精神徹底放鬆，這是現代都市人難得的一份奢侈。

　　在家中，給香薰燈滴幾滴自己喜歡的精油，可以調節氣氛，這些香味能夠影響人的情緒，讓抑鬱變成歡樂，讓煩躁變成安靜，這是一種美妙的情趣，帶來的不僅是美麗的心情。

小延伸

研究發現皮膚中有嗅覺感受器

　　德國波鴻魯爾大學（Ruhr-Universität Bochum）的Dr. Daniela Buss（丹妮拉・巴斯博士）等研究發現，皮膚中有嗅覺感受器（代號OR2AT4），檀香味合成香精可使其啟動，進而加速傷口癒合。這是因為皮膚上的嗅覺感受器感受到了香味，開啟了修復機制[13]。新的研究發現香草素可以促進皮膚修復，具有抗炎效果[14]。

　　研究還發現皮膚中不止一種嗅學感受器，這說明香味可能會直接影響皮膚狀態。

▍精油和純露

　　各種芳香植物之所以能發出香味，是因為它們含有數百種不同的芳香成分，這些芳香成分形成複雜的結合體，有著獨特的作用機能。把這些芳香物質萃取出來，就會形成像油一樣的液體，這就是精油；在萃取精油時還會得到一部分水狀的液體，除了微量精油以外，還含有各種芳香植物精華，這就是純露。

　　精油的萃取方法主要有三種。

　　• 蒸餾法：在水蒸氣穿透植物時，帶出精油成分，然後在冷凝器中凝結、分離。

打造完美
素顏肌
每個人都
該有一本的
理性護膚聖經

Chapter 04 | 給肌膚的特別呵護

‧壓榨法：適合含油量比較高的果實類，比如甜橙、檸檬，把壓出來的汁液再進行分離，得到精油。

‧萃取法：使用超臨界萃取技術，以有機溶劑「清洗」芳香植物，將其內的精油成分溶解出來，然後再與溶劑分離，得到精油。

芳香植物含油量高，萃取得到的精油就比較多，比如迷迭香、薰衣草、茶樹等；有些植物含油量特別特別地低，萃取率（得率）非常低，所以價格就極其高昂，比如玫瑰、茉莉、檀香等等。

以迷迭香為例，典型的精油萃取過程如下：

①收割生長中的迷迭香→②將收割後的迷迭香放在通風處陰乾，不能曝曬（當然，鮮株亦可直接加工）→③放入蒸餾裝置中加熱，水蒸氣通過時，帶出揮發性、蒸發性成分→④冷凝，精油會浮在上面，下面含有微量精油、有機酸等的溶液即為純露。

冰寒提醒 »

油性皮膚，特別推薦橙花、薰衣草、迷迭香；痘痘肌適合用天竺葵、茶樹、岩蘭草等；敏感肌則推薦使用洋甘菊。

純露除了含有微量精油外，還含有許多植物體內的水溶性物質。它與植物精油本身有著相近的作用和功效，但使用起來更方便，也更安全溫和。純露在日常生活中有很多用處，例如：

‧把它當作爽膚水每天使用，不僅可以保濕補水，不同的純露還對問題皮膚能有一定程度的幫助。

‧用它潤濕化妝棉片來敷臉，除了可以鎮定皮膚外，還可以減輕皮膚一天下來的疲勞感。

‧還可以把它當作花露水、香水，噴灑在枕頭邊、棉被上、衣櫃裡、空調環境中，有清新空氣、提神醒腦等作用。

‧用它調和面膜、滋潤霜等。

關於純露對皮膚的作用機制，尚有許多不清楚的地方，值得深入研究。

▎值得關注的問題

真假與產地

　　前些年新聞報導過不少關於假精油的消息，假精油一般都是用植物油調和香精之類製造而成，非常便宜。這種味道在足浴店最容易聞到——那是一種有點刺鼻，不自然、不舒服的香味，很難用語言去描述。真正精油的味道是富有層次的、令人感到美妙的。

[**小提醒**]

　　　　大部分純精油滴在紙片上，自然放置一夜，紙片上不會留下任何油跡；不過這個方法並不能鑑定複方精油。

　　純露與精油給人帶來的感覺類似。需要說明的是，同一種植物提煉出來的精油和純露會有不同的香味和調性，只有多聞才能體會到其中的妙處。

　　純露的留香時間一般較短，然後會留下不是那麼香、有一點酸酸的味道。有的純露初聞還有些熏人，並不是那麼舒服，例如薰衣草純露、洋甘菊純露。

　　能夠提煉精油的芳香植物各有最佳產地，當然也不是某一個產地的就一定是全球最好的。比如法國的薰衣草精油被奉為上品，但產於中國新疆的品質也很好，法國產的除了氣味與中國產的可能有些不同之外，總體效果上相差並不是太大。大部分時候，產地很重要，但產地不是唯一的判斷標準。

　　市面上還有一些吹得神乎其神的精油類產品，號稱能夠削骨、隆鼻等，這些說法違背了基本的科學常識，不必相信。

過敏和刺激

　　精油是小分子物質，而且是脂溶性的，因此極容易滲透入皮膚，這意味著它們很容易接觸到神經感受器和免疫細胞，形成刺激感或過敏反應——皮膚屏障功能不好的人尤其如此。所以，精油在使用上有許多需要注意的地方：

　　‧高純度的精油刺激性更強，因此要嚴格避免其接觸黏膜、陰囊、眼瞼等部位，以免造成灼傷。高純度精油多數都需要使用基礎油稀釋，一般從5%的濃度開始，逐步提升濃度，慢慢尋

打造完美
素顏肌
每個人都
該有一本的
理性護膚聖經

Chapter 04 │ 給肌膚的特別呵護

找到自己的耐受濃度。

　　‧未去除香豆素的柑橘類精油含有較多的光敏性物質（香豆素類），使用後應十分注意防曬措施。

　　‧應當先試用，看看是否會過敏、刺激。

　　‧多數精油不應使用在有明顯傷口的地方，以免形成刺激使炎症加重。

　　正確使用精油和純露，避免對皮膚造成刺激，完全可以讓精油和純露成為一個改善肌膚、愉悅心情的好幫手。精油和純露的使用技巧可參考相關芳療書籍。

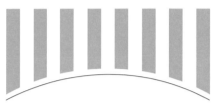

生理期的
特別護膚守則

　　有假說提出生理期前幾天由於雌激素相對水平下降，會導致雄激素相對水平升高，皮脂分泌更加旺盛，故70%的女性在經前期會有痘痘加重的現象。

　　研究還表明，女性生理期前皮膚會變得更脆弱，屏障功能下降，更容易受到損傷和刺激。

　　因此，女性在生理期護膚應當注意從簡，避免過度清潔和摩擦肌膚，不要一到這個時候就拚命想補救，狂用護膚品，結果反倒給肌膚帶來傷害。

　　女性在生理期期間會因失血而有輕微貧血的情況，膚色會受到影響。平時要注意補充足夠的鐵和蛋白質，這有利於維持正常的血細胞分化所需要的營養。同時應當注意休息，補充維生素和礦物質。注意腹部的保暖以緩解腹痛，因為腹內的痛屬於鈍痛，也會影響人的精神狀態，進而影響到皮膚。

　　另外，「生理痘」具有一定普遍性，大約會影響70%的女性。但這些爆出來的「痘」，並不一定是痤瘡。我們實驗室就發現過痤瘡、玫瑰痤瘡、口周皮炎、梭菌感染等情況。不過無論如何，這些都是由內、外兩方面的因素共同作用形成的。激素水平屬於內因，它的波動屬於正常的生命活動，難以干預；外因則可能與微生物或寄生蟲有關，常見的有細菌、真菌、毛囊蟲等。頑固的、好發於口周和面部下三分之一的口周皮炎及痤瘡，要考慮梭菌感染等可能。有這類問題的朋友，建議做詳細的醫學檢查，確定病因後進行治療。同時應當減少攝入牛肉、牛奶

打造完美
素顏肌
每個人都
該有一本的
理性護膚聖經

Chapter 04 | 給肌膚的特別呵護

及乳製品等含白胺酸較高的食物，注意保持低糖飲食，拒絕甜點，飲食盡量清淡並以植物性食物為主，可緩解炎症（詳見第五篇）。

生理期護膚的基本原則

第一，減少護膚程序，盡量避免化妝和卸妝，清潔力度要控制，不可過度。

第二，注意保濕，因為此時皮膚屏障功能降低，水分更容易流失（這會導致膚色暗沉）。

第三，避免在這期間更換護膚品，尤其是不知道是否適合自己的護膚品，否則風險很大。

第四，使用修護類的精華，這時候皮膚脆弱，特別需要你的關愛。

在月經之後這段時間皮膚進入了恢復期，自我更新和代謝旺盛，此時若能加把力，保養效果會更好。這段時間的護膚工作以使用保養品為主，不要輕易地去角質、去美容院做按摩等。皮膚此時最需要的是在一個「和平」的環境下「建設」，而不是揠苗助長。使用的產品要少而精，關鍵的產品要有效，不能貪多，以免加重皮膚負擔。

冰寒提醒 »

如果可以，就不要化妝。如果必須要化，請盡量化淡妝。如果要選擇彩妝產品，建議依照下列原則進行：

（1）盡量用天然成分的彩妝品，無論是植物的還是礦物的（多數植物油脂除外）。

（2）香精含量低。

（3）色素少，或者只含天然色素的。

（4）質地不要那麼黏稠。

（5）盡量使用防水力弱的彩妝產品，最好用普通洗面乳就能洗掉而無須卸妝。

孕期也要好好護膚

不少孕婦因為害怕護膚品給胎兒帶來不良影響，嚇得不敢護膚，有的連洗面乳都不敢用。其實孕婦不僅能夠護膚，而且還應該好好保護自己的肌膚，恰當地利用護膚品和內調方法，做個美媽媽是完全有可能的。

▌ 做好基本的護理

孕婦可以不必追求太多的產品和複雜的程序，但是基本護理應該做好：清潔、保濕、防曬、抗氧化。

多數護膚品成分對孕婦都是安全的。清潔類產品通常只是在皮膚表面停留很短的時間就會被沖洗掉，吸收有限。

保濕類成分如玻尿酸鈉、甘油、海藻萃取、丁二醇等也都是安全的。

防曬類成分的安全性略低，但物理防曬劑的安全性很高；建議首選硬防曬，沒有比這安全性更高的方法了。

抗氧化類成分，例如維生素C、維生素E、葡萄籽萃取、維生素B群、膠原蛋白水解產物等，都是安全的。

一些可作為食物和飲料的植物粉（如綠茶、綠豆等）、珍珠粉等，也都是安全的。

打造完美
素顏肌
每個人都
該有一本的
理性護膚聖經

Chapter 04 | 給肌膚的特別呵護

避開不良刺激

減少彩妝和香水

孕婦和兒童均建議盡量避免彩妝類產品，例如指甲油。指甲油含有較多的揮發性成分，很容易透過嘴巴和呼吸道進入人體；普通指甲油常含有塑化劑（鄰苯二甲酸酯類），會嚴重影響兒童發育，對胎兒有致畸作用。普通指甲油一般有明顯的香蕉香味，這是其中的有機溶劑揮發形成的。

香水，無論是使用人工香精還是天然香精調製的，成分都相當複雜，很容易揮發，可經呼吸道攝入，並容易進入血液中。香水中的很多成分容易引發接觸性皮炎，如果反應嚴重的話，由於是孕婦，會給處理帶來困難，因此，建議孕婦少用香水。

為謹慎起見可避免的成分

‧ 尼泊金酯類：又叫對羥基苯甲酸酯類，是一類常用的防腐劑，但2014年，歐盟將其中的5種列為禁用品，禁用原因是安全性數據缺乏。建議孕婦避免的原因是有少量研究認為這類成分對性激素調節有影響，但這只是審慎起見，並不代表它一定是有害的。

‧ 水楊酸類：美國FDA（食品藥品監督管理局）列為C級，孕婦要權衡利弊後使用。這表示它在動物研究上發現對胎兒有危險的肯定證據，但還沒有相應的人類研究，孕婦需確定其有利時才能應用。

‧ 精油類：精油大部分為小分子易揮發的脂溶性物質，非常容易被吸收，成分也特別複雜。關於各種精油對孕婦和胎兒的安全性缺乏研究，因而不能認為其不安全，也不能認為一定安全，為謹慎起見，建議避免大量、長期使用。

‧ 染髮劑、燙髮劑和脫毛劑：都非常容易引起接觸性皮炎。

‧ 肉桂酸鹽類（OMC）防曬劑、二苯酮類防曬劑：容易引發接觸性皮炎和光敏性反應。而且前者對內分泌有可疑影響。

‧ 偶氮類、煤焦油類合成色素：主要在彩妝產品中存在，由於種類繁多，無法一一列舉。色素在成分表中以CI開頭進行標示，根據CI號，可以很方便地在網上查到其化學名稱與性質。

妊娠紋該怎麼對付

妊娠期，由於胎兒迅速長大，腹部外膨受力，膠原和彈性纖維斷裂，甚至有血管斷裂，孕婦腹部、大腿、腰部、臀部會出現凹陷性裂紋。迅速發胖的女性也會出現此種情況，稱為肥胖紋，機制和妊娠紋是相同的。

妊娠紋可能與基因有關，但也可以在孕前採取措施預防。

• 適度活動，增加皮膚彈性、拉伸力。

• 促進膠原蛋白和彈性纖維合成，補充維生素C及膠原蛋白可能有效。

• 按摩。

• 孕前保持正常體重。如果本身已經很胖，懷孕時會更容易出現妊娠紋。

• 均衡營養，不要讓胎兒過度發育。現在孕婦普遍營養過剩，超大胎兒很多，這並不健康，同時也會讓妊娠紋更重。

用橄欖油、精油按摩並不能改善妊娠紋。

妊娠紋一旦發生，很難改善。因為斷裂的纖維很難重新接合生長。外用含有維生素A衍生物類的產品，可能有一定的改善作用，但想完全恢復到產前狀態基本不可能。因此首選醫美手術，例如微針、飛梭雷射等，配合成纖維生長因子等的美塑療法，多可取得較好的效果。

打造完美
素顏肌
每個人都
該有一本的
理性護膚聖經

Chapter 04 | 給肌膚的特別呵護

其他保養

　　孕婦要非常注意營養，這是大家所共知的。就美容方面，建議補充足夠的維生素C，以促進膠原蛋白的合成（事實上胎兒生長過程中也需要大量膠原蛋白），其他維生素也要充足、均衡地攝取。

　　要非常注意防曬。70％的女性產後會出現黃褐斑，原因仍然不清楚，這也許與代謝、激素變化、組織損傷、營養等一系列問題相關。但不管怎樣，日光會促進色斑發展。補充鈣質所需要的維生素D，可從食物或營養補充劑中獲取。

　　多補充粗纖維、菌菇類食品。孕婦常發便祕，而宿便中有大量微生物，它們代謝產生的有毒物質會隨水分被吸收，不利於健康和美容。這些食物對於緩解便祕的作用十分明顯。

　　大部分孕婦因受傳統習慣的影響，都會大魚大肉地進補。這類食物高脂高蛋白，過量攝入有很多不利之處，應適度攝取。

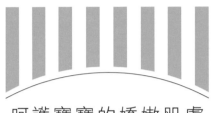

呵護寶寶的嬌嫩肌膚

兒童皮膚完美幼嫩，容易受到外界因素的侵襲和損傷。一般而言，針對敏感性肌膚的護理原則均適用於兒童。以下為護理原則：

▌清潔原則

適度清潔，避免過度清潔

兒童皮脂少，皮膚沒那麼容易髒，也很薄，因此不要採取強力的清潔措施。大部分時候，用溫水、手、毛巾就可以清潔乾淨了。要避免給兒童用卸妝水、卸妝油之類的產品；少用洗面乳，尤其是含皂基的潔面產品。當然，皮膚被弄髒了有特別需要時除外。

輕輕擦拭，避免皮膚損傷

不要給兒童用化妝棉。建議潔面後用擰乾的軟毛巾，輕輕把臉上的殘水吸乾即可，不要用力擦拭。盡量避免給兒童用濕巾，過度使用濕巾造成的兒童皮膚問題已在美國引起重視[15]。

不要讓寶寶有潔癖

許多媽媽都覺得什麼東西愈乾淨愈好，其實在皮膚上並不是那麼回事。環境太過潔淨容易造成 T 細胞缺乏（進而可能影響認知能力）[16]，皮膚表面的正常菌群可以「訓練」免疫系統，形成正常的免疫反應，如果沒有它們存在，免疫系統就不知道該如何工作。如果什麼東西都要

打造完美
素顏肌
每個人都
該有一本的
理性護膚聖經

Chapter 04 | 給肌膚的特別呵護

消毒、滅菌，對於寶寶的成長不見得有利。在日常情況下，使用抗菌皂、抗菌洗衣精並沒有必要。

▌ 提供必要的保護

最好使用為兒童設計的護膚品

鑒於兒童的皮膚特點，寶寶需要低刺激、溫和、安全性更好的護膚品。如果寶寶的肌膚本身很滋潤，做好防曬和基本清潔就可以了，未必要塗什麼產品。冬天、乾燥的氣候條件下，兒童皮膚容易皴裂，使用護膚品就很有必要了。

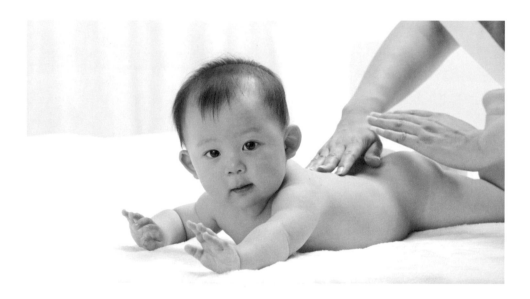

特別注意防曬

如第二篇所述，防曬是應當從出生時就開始做的，兒童的皮膚幼嫩，更容易受到陽光損傷。紫外線的損傷具有累積性，需要從小就注意防護。

提供足夠的必需脂肪酸

人體不能合成必需脂肪酸，需要從外界攝取，主要來源是堅果、魚油、種子胚芽等。必需

脂肪酸具有多種非常重要的生理作用，包括促進智力發育。特應性皮炎、濕疹等皮膚問題可能與缺乏必需脂肪酸有關。為維持良好的皮膚功能，充分攝取必需脂肪酸是必要的，最推薦的食物有核桃、芝麻、亞麻籽、紫蘇等。

[**小提醒**]

關於兒童防曬的叮嚀

注重防曬不等於完全不接觸陽光，而是避免強烈日曬、長時間曝曬以及日光對皮膚造成損傷。事實上即使我們把所有的防曬措施都做足，也還是可以接觸到陽光的。

我們應該教會孩子防曬的ABC原則，讓孩子學會避曬、遮擋的方法，並為其配備恰當的用品。

嬰幼兒皮膚薄，透皮吸收能力強，故6個月以下嬰兒應避免使用防曬乳，以防止可能的刺激、過敏、光敏反應；6個月以上也應當盡可能避用、少用，如果要用，也盡可能用物理防曬劑，盡量避免化學防曬劑，尤其是含有二苯酮類、肉桂酸酯類、水楊酸酯類和奧克立林的產品。

不要因為防曬而擔心維生素D攝入不足的問題。第一維生素D可以從食物中獲取，第二人不可能不接觸陽光，另外也可以讓四肢的皮膚來完成維生素D的合成而不是臉。現有研究表明，白色的鮮蘑菇在陽光下曬30分鐘就可以產生大量維生素D。

不要因為需要補充維生素D而把孩子放到窗臺上隔著玻璃曬。因為合成維生素D需要的是波長294奈米左右的UVB，而UVB並不能有效穿透玻璃，UVA卻可以。所以這麼做會把寶寶曬黑、曬老，卻曬不出維生素D。

▌遠離危險及傷害

避免彩妝

有的大人覺得給兒童塗塗彩妝挺好玩的，但給兒童化妝很有可能會造成接觸性皮炎等各種問題。因節日演出等原因需要化妝時，不要化得太濃，盡量使用附著力低的彩妝產品，以方便清洗。

打造完美
素顏肌
每個人都
該有一本的
理性護膚聖經

Chapter 04 | 給肌膚的特別呵護

注意和大人之間的接觸

　　嬰兒在出生後，會從大人皮膚上獲得皮膚微生物菌群，菌群的結構是否良好，對皮膚健康有很大影響。如果父母有比較嚴重的痤瘡、脂溢性皮炎、真菌性毛囊炎等，建議控制與兒童的親密接觸。

女嬰要避免生殖器部位用滑石粉

　　為了避免嬰兒長痱子，家長在夏天經常會給寶寶擦爽身粉，許多爽身粉的主要成分是滑石粉。滑石粉進入呼吸道或卵巢中時，其中可能殘留的石棉成分具有致癌作用[17]，因此建議使用以玉米澱粉為主要基質製造的嬰兒爽身粉。

▎教寶寶養成好習慣

讓寶寶養成良好的表情習慣

　　如前所述，有一類皺紋叫做表情紋，其形成與表情動作習慣相關。如果寶寶從小養成一些不太好的表情習慣，例如緊鎖眉頭、皺鼻子、頻繁且輕易地發怒、故意學小丑做三角眼、表示不屑一顧撇嘴等，久而久之，就會影響到面部皺紋的狀態，產生某些讓人感覺不太好的面相。比如一直頻繁且輕易地發怒，看起來會比較凶；經常不屑一顧，會形成「覆舟嘴」，看起來對周圍什麼都不滿的樣子，會降低親和力。避免這些問題的關鍵，在於從小讓寶寶學會理性、正確地表達情感和想法，開心、快樂地生活。

讓寶寶養成良好的飲食習慣

　　平衡、多元化的飲食是健康的基礎，而健康是皮膚美麗的基石。例如：很多研究都認為高升糖指數（GI）食物會加重痤瘡，高糖食品、乳製品、冰淇淋等的攝入與痤瘡嚴重程度呈正相關。又如：過高的糖分除了可能加速衰老、誘發糖尿病、使痘痘嚴重、導致肥胖外，新研究發現血糖過高會導致手術傷口癒合變慢[18]。飲食還會影響腸道菌群平衡，腸道菌群平衡又直接影響到全身健康。讓寶寶養成良好的飲食習慣，不僅對皮膚有好處，更是終生受用的財富。當然這有一個重要前提：你要以身作則。

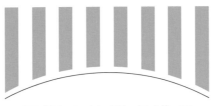

霧霾下的肌膚護理

很多女性問冰寒：霧霾對皮膚會有什麼樣的影響？霧霾天應該怎樣護膚才放心？

霧霾給人們帶來了很多的煩惱——當然，也不是全沒有好處。我曾開玩笑說：以前我倡導傘防曬、帽防曬、霜防曬、宅防曬等，現在有了「霾防曬」，都不需要這些了。這真是個令人心酸的笑話。回到正題，霧霾的持續發生，似乎也讓化妝品行業找到了新的增長點，各種與霧霾相關的產品、說法層出不窮。冰寒梳理了相關的研究，下面就與您分享我的觀點。

大氣污染會影響皮膚狀態嗎？

目前的研究表明，大氣污染確實可以加速衰老，尤其是促進皺紋和色斑的產生。在2012年中國皮膚科醫師年會上，Mary Matsui（松井瑪麗）博士報告了關於污染與皮膚老化的流行病學研究：35%以上的色斑與鄰近繁華的主幹道有關，額頭和臉頰的色斑與暴露在煙塵、交通顆粒物、PM10中均有關，且會有更明顯的鼻唇褶。每增加一個IQR的煙塵（每0.5×0.00001／公尺），可使額頭色斑增加22%，臉頰色斑增加20%。

大氣污染中的另一類污染物——臭氧，在夏季很可能成為首要空氣污染物。臭氧超標會刺激呼吸道、眼睛，加速皮膚老化和色斑形成，兒童和體質較弱的病人更易受影響。

大氣污染中的一些其他化學物質可能會增加對敏感皮膚的刺激，導致過敏、蕁麻疹等。

打造完美
素顏肌
每個人都
該有一本的
理性護膚聖經

Chapter 04 | 給肌膚的特別呵護

可以肯定地認為，大氣污染對皮膚有負面影響，但是目前的研究還比較初步，污染使皮膚衰老的機制仍不十分明確，需要做進一步研究。

PM2.5真的可以鑽到毛孔裡去嗎？是否需要採取特別的清潔措施？

根據常識推理，PM2.5鑽入毛孔只是一個形象的說法，它們不會真的鑽到毛孔裡去。毛孔並不是一個黑洞（能不斷吸納物質），而是一個不斷分泌皮脂並將之排出的結構。PM2.5這麼細微、輕飄的顆粒，想要在（相對它的體積和重量來說）浩浩蕩蕩的皮脂流裡逆流而上，在動力學上缺乏可能性。

PM2.5多以氣溶膠形式存在，也有一些小的固體粉塵，如果皮膚表面較油膩，有可能沾染到皮膚上，在皮膚表層形成危害（目前還沒有確鑿證據認為PM2.5可以透過皮膚表面進入皮膚深層）。清潔當然是很重要的，不過似乎也沒有必要採取特別的清潔措施，現有的潔面產品和方法足以洗去皮膚表面的PM2.5或其他污染物顆粒。

另一方面，有許多人因為PM2.5而恐慌，拚命去角質、深層清潔，一天洗很多次臉，毫無疑問過度清潔會損傷皮膚屏障，嚴重的會導致正常肌膚變成敏感肌膚。試想一下：如果PM2.5有一定的滲透能力，角質層變薄以後，它是否更容易滲透到皮膚裡，從而帶來更大的危害呢？

▌ 大氣污染時的護膚保養重點

第一，應重點關注肺和呼吸道的健康，一定要在外出時戴上合適的口罩。

我們知道，過多的顆粒污染物進入肺之後，日積月累，會導致肺變黑，嚴重的會纖維化，使肺的氣體交換能力下降，這又使血液獲得充足氧氣的能力降低了，血液的顏色可能發暗，這會直接影響到皮膚的顏色和光澤。

市面上已經有可過濾PM2.5的口罩，價格也很便宜，有的款式也不錯，在技術和經濟性上都不成問題。最大的問題在於你的心理障礙——有的人總覺得眾目睽睽之下，只有自己一個人戴口罩，感覺很奇怪。

說實話，有沒有覺得是你自作多情了？本來大家都是路人，不可能有太多人認識你，戴上口罩就更沒人能認識你了。就算有熟人認出你了，那又怎麼樣？不愛惜自己還嘲笑別人愛護自己很有理嗎？所以我特別強調：健康既是一項權利，也是對家人和自己的責任。請多愛自己多一點！

第二，建議特別關注抗氧化。已知大氣污染物中，顆粒物表面可能攜帶大量自由基，臭氧也有很強的氧化作用。這些物質接觸皮膚後，會消耗皮膚表層本來就不多的抗氧化劑（如維生素C、維生素E，尤其是維生素E），從而對皮膚造成傷害。皮膚的屏障作用和固有結構決定了皮膚不可能快速從真皮內部獲得足夠的抗氧化劑補給，因此外用抗氧化劑的必要性就更明顯了。建議盡可能考慮含有維生素C、維生素E、蝦青素、菸醯胺、大豆異黃酮、花青素、穀胱甘肽等抗氧化成分的護膚品，防止污染物消耗我們珍貴的自體抗氧化成分。

第三，在污染嚴重的時候要避免外出，尤其是有體育鍛鍊習慣的人。雖然生命在於運動，但在這樣的日子，運動愈多，吸入的污染物愈多，兩相權衡，宅一點也許更好。

第四，空氣清淨機，該買還是得買。這是近年來切合生活實際的熱門產品，品質也有些參差不齊，建議關注相關部門發布的相關檢測資訊，選購既能過濾灰塵微粒，又能真正清除臭氧甲醛的好機器。

打造完美
素顏肌
每個人都
該有一本的
理性護膚聖經

Chapter 04 ｜ 給肌膚的特別呵護

美容院的
正確打開方式

　　美容院剛興起的時候，大街小巷遍地開花，迅速火遍全國，成為時尚的象徵。許多港臺明星也把開美容院、SPA（水療）會館作為自己的創業項目，更加讓美容院顯得高級。

　　實事求是地說，去美容院在本質上是可以對皮膚和健康有所幫助的。對面部的恰當按摩，可以促進血液循環；使用合適的器械，可以增加護膚品的吸收；在美容院的環境下，躺著接受服務，人會十分放鬆，對身心、肌膚皆有幫助。

　　隨著美容院的數量愈來愈多、門檻愈來愈低，大量的從業人員專業素養跟不上，加上高漲的成本、顧客不切實際的心理期待等，催生了唯利是圖的經營行為，一些美容院變成不少人的「毀容院」。在此情況下，懂得規避風險、挑選安全可信的美容院就成為一項技能了。我給出如下建議：

　　第一，要提升自己的皮膚美容知識素養（閱讀本書當然是有幫助的），這樣就不會輕易被那些天花亂墜的宣傳所迷惑。

　　第二，不要抱著不切實際的想法進入美容院。「今年二十明年十八」是廣告用語。皮膚病要去醫院治療，不要指望美容院。愈有不切實際的期望，愈容易在一個美好的期許前掏大錢，並且接受一些冒險的、非正規的產品和方法。有的人很喜歡出了美容院臉上立即變得嫩紅的感覺，其實這種效果大多是拚命去角質產生的，如果經常這樣做，要不了多久，肌膚就會變成敏

感肌。

　　第三，注意看美容院是否有違規行為。例如是否私自開展不允許進行的醫療項目、侵入性治療性項目等。

　　第四，美容院的工作人員向你推薦自有品牌產品時，需要先看一下產品是否符合基本的法規要求，或者可以拍張照片，記下廠商和品牌名，查證一番再說。特別需要說明的是：自有品牌產品，尤其是去痘、去斑、抗敏的產品，是添加激素等違禁成分的重災區，需要謹慎。

　　最後，要看看他們是否有欺詐、強迫消費的行為。有的美容院以免費體驗為名，誘導路人進入，然後再輪番轟炸、恐嚇，直到掏錢才能走人。對於不良商家，不要再相信他們的任何一家分店，並且要透過各種途徑讓自己的好友知曉。

　　總之，請記住，美容院是一個放鬆的地方，可能是變美的場所，也可以是毀容集中地。提升專業素養，避免讓不良商家坑蒙拐騙，才是真道理。

小延伸

不正規美容院經常採用的欺騙性方法

　　‧以免費為名吸引你進入，塗一臉東西，不買東西不給擦掉；或者清潔半邊臉，另半邊臉要付錢；或者要求強制辦卡。

　　‧聲稱什麼儀器能去色斑，然後就用儀器在臉上按摩出黑色的東西，說是臉太髒了，要買精油才可以洗，恐嚇你黑色還會回到皮膚裡，還會長斑，讓你快點掏錢。

　　‧用某種儀器在你臉上看，然後說看到了激素、毒素、重金屬、細菌等，必須排出來。

　　‧使用了一些產品、方法後導致皮膚受損，或者發生過敏、刺激等症狀，聲稱這是排毒。

打造完美
素顏肌
每個人都
該有一本的
理性護膚聖經

Chapter 04 | 給肌膚的特別呵護

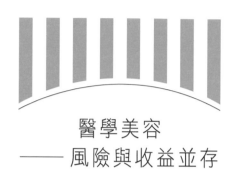

醫學美容
—— 風險與收益並存

　　護膚品的作用不能顯著改變人體的功能與結構，那意味著有此需求的，都需要求助於醫學手段。這裡簡要介紹一些常見的醫學美容方法，旨在幫助你了解醫美的一些基本原理、不同方法適用的範圍以及基本的注意事項。

　　應當提醒的是，大部分方法都有一定的侵入性（即會造成損傷），因此你是否適合做、該採用什麼樣的參數，均應由有資質的醫生評估和干預，以確保採用這些方法所獲得的收益大於風險。

雷射

　適用範圍：脫毛、黑頭、痘坑、各種類型的色斑、器質性毛孔粗大等。

　　雷射是透過雷射發生器獲得的單一波長的定向光束。由於波長單一，容易調控，可作用於特定的「靶位」，這些靶位吸收雷射，產生一定的反應，以達到臨床治療效果。例如：有的雷射作用於黑色素，就可以用於淡斑；有的作用於血紅素，就可以針對血管；有的作用於水，就可以針對真皮細胞外基質。同時，透過調節波長和能量，還可以使雷射穿透到不同的深度發揮作用。

雷射的基本作用原理是光熱效應，即光子攜帶的能量到達靶目標後，轉換成熱量，對目標形成破壞。例如雷射脫毛，可破壞毛球細胞，使其失去生長能力；飛梭雷射，以細小光束在真皮內形成局部破壞，誘導身體產生損傷修復效應，進而產生更多的膠原蛋白和玻尿酸，達到表面重塑和年輕緊緻的效果。

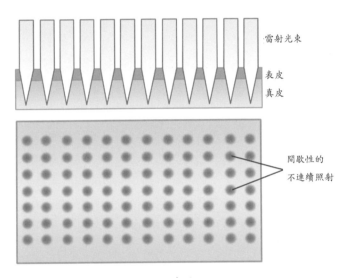

飛梭雷射的原理示意圖

　　雷射根據光源激發體及調製方法的不同可分為繁多的種類，各有不同的適用範圍。針對每一個個體的不同情況，需要選擇合適的波長、能量強度、脈衝時間等參數，這不僅是一門技術，也是一門藝術，因此一定要由專業的醫師操作。

脈衝光／光子

　　適用範圍：面部年輕化（嫩膚）、美白去斑、一定程度地減少皮脂分泌、增強皮膚彈性、改善紅血絲等。

打造完美
素顏肌
每個人都
該有一本的
理性護膚聖經

Chapter 04 | 給肌膚的特別呵護

脈衝光（intense pulsed light／IPL）同樣利用了光熱原理。與雷射不同的是，脈衝光並不是單一波長，而是一定範圍的複合波長光束，對皮膚的損傷更小；透過對脈衝頻率、能量級別、持續時間等各種參數的調整，可以達到嫩膚、去斑、脫毛、去除紅血絲等多種效果。

第四代脈衝光被稱為OPT（optimal pulse technology／彩衝光），能更精確地調整和控制參數，輸出的脈衝更加穩定，安全性、有效性更佳。

▌A型肉毒桿菌素

適用範圍：動力性皺紋（抬頭紋、眼角紋、眉間紋、鼻根紋、頸紋）、肌肉肥大（俗稱瘦臉、瘦腿等）、臉部因肌肉原因產生的不對稱（大小臉、高低臉）、狐臭、腋窩和手部多汗等。由於毒素效果一般只能維持數月，所以需要定時重複注射。

A型肉毒桿菌素是一種萃取自肉毒桿菌的毒素，它可以使肌肉麻痺並可以致死，後來發現低劑量能用於醫療，並進一步被用於美容。

如我們所知，有一部分皺紋是肌肉的收縮引起的，所以阻斷這些肌肉的運動，就可以減少皺紋。而長時間不動的肌肉，會發生萎縮，因此肉毒素可用於咬肌肥大造成的面部輪廓過硬。此外，肉毒素還可用於治療狐臭和多汗，其原理是麻痺促進汗液排出的肌肉。

A型肉毒桿菌素最早在美國應用，知名產品是Botox（中文譯為保妥適）。中國蘭州的衡力牌A型肉毒桿菌素在業界也享有良好聲譽。

A型肉毒桿菌素的使用劑量、部位、適應範圍都有嚴格的限制，要保證安全性與效果，必須由醫生評估適應與否，必須使用正牌產品，必須由經培訓合格的醫生進行注射操作。不要隨意到不正規的場所去注射，每年因此發生的醫療事故不勝枚舉，必須引起高度重視。

總體來說，嚴格按規範使用，A型肉毒桿菌素是很安全的，但注射技術及劑量把控不嚴，也可能出現不良作用，包括表情僵硬、笑容怪異、嘴型異常等，但是可以逐漸恢復。

▌微針

適用範圍：抗衰老、去妊娠紋、去皺紋、促進皮膚飽滿年輕化等。

微針是Mesotherapy（美塑療法）的一種。法國醫生Michel Pistor（蜜雪兒‧皮斯特）於

1952年首創了這種方法。此法透過在皮內和皮下注射各種維生素、礦物質和植物精製品、抗感染製劑、激素、激素阻滯劑和麻醉劑、玻尿酸、各種生長因子等，促進膠原蛋白和彈性纖維合成、減脂溶脂、消除橘皮組織，改善下垂、皺紋、膚色等。

這麼做是因為皮膚具有很強的屏障功能，如果僅將這些有效物質塗抹在皮膚表面，會因被吸收的數量很少而難以達到預期效果。採用微小的針頭把皮膚表面刺破，可形成迅速滲透的通道至目標區域，讓有效物質發揮作用。

微針有多種材質、針型、粗細，根據不同的目標區域，又可以有不同的長短。需要根據不同的情況由醫生評估後選擇。

針頭較長的微針創傷是比較明顯的，因此原則上需要在嚴格的無菌條件下由經過培訓的醫生操作，炎症、感染、敏感等屬於禁忌狀況。有的人買了微針自己在家裡操作，常常會產生不良後果。

糖皮質激素局部封閉

適用範圍：常用於治療疤痕和痤瘡結節。

高劑量的糖皮質激素可以阻止蛋白質的合成，因此局部注射入隆起於皮膚表面的疤痕，使之發生萎縮，就可以達到平復皮膚表面的目的。

填充注射

適用範圍：法令紋、鼻根紋、淚溝紋、太陽穴、下巴、蘋果肌等各種部位的填充。

在凹陷、不夠飽滿、不夠挺拔的區域，注射無害同時又能較久保持體積的物質，達到改變臉型、填平溝紋的方法，即為填充注射。

填充注射現在常用的物質是玻尿酸（透明質酸）和膠原蛋白，一般可保持半年到一年的效果。隨著這些物質逐漸降解，填充效果減弱，就需要重新注射。

另外，還可以考慮自體脂肪填充，即透過抽取自身的部分脂肪填充到需要的部位，可以做到局部減肥和豐滿的作用，但是需要進行吸脂手術。

打造完美
素顏肌
每個人都
該有一本的
理性護膚聖經

Chapter 04 | 給肌膚的特別呵護

風險提示：

除了玻尿酸和膠原蛋白外，還有其他的注射填充物，但就目前而言，前兩者因為可以被降解，有較好的生物相容性，安全性是最高的；不能被降解的物質，一旦有問題想取出來，也是極為困難甚至是不可能的。因此強烈建議優先選擇這些更安全的材料。

每年都有填充劑注射入眼部的血管而導致失明等事故發生。填充注射要求注射者對於面部解剖結構，尤其是血管、神經和解剖層次非常熟悉。而且，手術衛生條件要求嚴格，故必須由有資格的專業醫師操作。

最後，正規的填充劑價格較貴，一些不法商家為了獲取利潤，會利用非法途徑販售假冒偽劣產品。使用劣質材料導致鼻子、下巴爛掉的報導時有耳聞，所以在此鄭重提示：切勿為了省錢去冒毀容的風險！

▍光動力療法

光動力療法（PDT／photo dynamic therapy）可用於痤瘡的治療。長久以來，痤瘡丙酸桿菌（*Propionibacterium acnes*）被懷疑為導致痤瘡的重要原因。在該細菌生長的過程中，會分泌紫質（主要是原紫質IX），這類物質能顯著吸收藍光或紅光，因此，用藍光和紅光照射，可以靶向性地作用於紫質，引發強烈的光化學反應形成活性氧簇（ROS），直接殺滅痤瘡丙酸桿菌。

目前PDT是一種常用的治療方法，不過仍然有許多機制尚不清楚，比如有部分人照射後會爆發大量痤瘡（反應性痤瘡），復發的人也不少。痤瘡丙酸桿菌是否就是正確的治療靶點，對此醫學界尚有不同認識，從文獻和我們自己的研究來看，痤瘡丙酸桿菌也可能只是充當了指示者的角色。PDT治療重症痤瘡的效果更好，其作用機制可能更主要是透過免疫調節完成的。

風險提示：

並不是人人都適合PDT。它是有禁忌的，例如光敏性體質、系統性紅斑狼瘡等患者都不宜應用，故應由專業醫師評估後確認是否可以使用。

藍光有刺激黑色素合成的作用，照射劑量較大可能導致膚色加深、色斑加重，對此應有心理準備。

射頻

射頻俗稱「電波拉皮」。其作用原理的本質和飛梭雷射相同：以低限度的損傷誘發皮膚自身的再生和重建機制，達到年輕化的效果。

透過射頻（電波），將真皮層的膠原蛋白加熱至變性，造成損傷，身體為了修復損傷，就會啟動代償性修復機制，合成更多的膠原蛋白。

射頻對於抗衰老是非常好的選擇，安全性高，效果明顯，不過價格也相當貴。

由於射頻會對皮膚造成一定程度的損傷，故還是應當注意安全，由有經驗的、經過培訓的人員操作為宜。家用的小型射頻儀也有很好的作用，特別是針對法令紋。

美白針

美白針是俗稱，其實質是透過注射，向體內輸入能夠抑制黑色素合成的藥物或抗氧化劑，例如維生素C、氨甲環酸、穀胱甘肽等。這些藥物都是可以使用的，但是，美白針也是有禁忌的。尤其是氨甲環酸，使用者需要在使用前做全面體檢，看看有沒有肝腎功能障礙、有沒有凝血障礙等，否則可能發生不良後果。這屬於醫療行為，應當由醫生評估後操作。美容院沒有注射任何藥物的資格。

美白針對黃褐斑的治療有較大價值。對於一般人群，美白還是應當首選防曬。

打造完美
素顏肌
每個人都
該有一本的
理性護膚聖經

Chapter 04 | 給肌膚的特別呵護

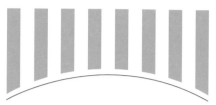

家用美容器械知多少

▍蒸臉器

　　蒸臉器有冷蒸和熱蒸兩種，前者相當
於一個加濕器，用超音波霧化水分後飛散
到空氣中，可增加空氣濕度；後者相當於
一個桑拿器，透過加熱產生熱的水蒸氣，
冬天用既可以改善皮膚含水量，還能促進
血液循環。裡面加點精油純露，還可以調
節居家氛圍。敏感性、炎症性皮膚建議慎
用熱蒸。

▍洗臉刷

　　洗臉刷的清潔效果來自機械摩擦，是
否安全取決於使用者的肌膚狀況以及使用
方法。由於刷毛很細，可以觸及手不能碰

觸到的皮紋內、毛囊口，故有良好的清潔效果，無論是往復式震動，還是圓周式旋動，都是如此。往復式震動刷毛的活動範圍較小，故摩擦力比圓周式小，相對溫和一點。有的潔面刷在宣傳中冠以「超音波清潔」或者「聲波清潔」的名號，從技術數據看，潔面刷每分鐘的振動頻率為300次左右，不能認為是超音波，也難說是利用聲波在進行清潔。

適合膚質

‧衰老且角質層厚的肌膚、真正的粉刺性肌膚、混合性皮膚的T區、比較油且沒有屏障損傷的肌膚，可以適度使用洗臉刷。（考慮到皮膚的更新週期，也不需要過於頻繁地使用，一週使用個一兩次就足夠了。）

‧敏感性肌膚、炎症性肌膚、乾性肌膚，不建議使用洗臉刷。

‧正常肌膚，中性肌膚，可用可不用，不用為佳，用也要少用。

洗臉刷的刷頭分為海綿的、細毛的，由於愈粗的毛摩擦力愈強，故又開發出不同直徑和形狀的刷毛，適合不同的需要。然而，這只是減弱了清潔的強度，原理仍然相同。使用海綿刷頭，則除了摩擦力外，還增加了吸附力（透過毛細作用）。也因為其清潔功能很強，應尤其警惕不當使用而造成過度清潔。

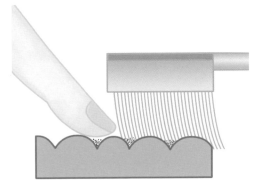

刷子可以接觸到細小的凹陷，具有更強的清潔力

洗臉刷與皮膚之間的摩擦力受壓力影響。刷頭壓在皮膚上愈緊，摩擦力愈大，去角質力愈強，所以，請不要過度按壓。如果有宣傳說：刷頭完全不需要接觸皮膚，那麼，請你用手洗臉就是了。

卸妝，尤其是卸濃妝，潔面工具可能是一個好幫手，它確實能夠幫助清潔。但防曬乳、輕彩妝，未必有使用刷子的必要。

▎ 手持式光療儀（美容儀）和LED面膜

不同波長的光對皮膚的確有作用，目前市面上的產品主要使用紅光和藍光，但照射必須到

打造完美
素顏肌
每個人都
該有一本的
理性護膚聖經

Chapter 04 | 給肌膚的特別呵護

達一定強度才有效，手持式產品提供的能量、拳頭大的面積強度不知是否足夠。某些商品的宣傳、評論似乎違背常理，比如9天淡斑、2週去皺。

紅光可以深入到真皮，刺激成纖維細胞活動；藍光具有光動力作用，光療儀也可以使用，但應把握好程度。

超音波美容儀

振動頻率高於20000Hz（即次/秒）的聲波叫超音波。超音波有較強的機械能，其高頻振動傳遞的能量可以起到清潔皮膚表層的作用。也有研究認為超音波可以促進皮膚吸收營養成分，對皮膚還有按摩作用。由於低能量的超音波對皮膚不會造成損傷，故使用超音波美容儀是可以的。但超音波美容儀器的效果究竟如何，尚需要更多研究的證據。我們認為超音波對於清理毛孔中脂類含量豐富的黑頭很有幫助。

家用雷射除毛機

美國FDA曾批准家用小型雷射除毛機上市，其效果也被臨床實驗所證實，這算是美容醫院專業雷射除毛機的低能量版本。這類除毛機傷害很小，除毛效果沒有那麼驚人，但實驗證實它可以讓汗毛明顯變細、變弱，需要反復使用較長時間才會看到效果。

光學生髮頭盔

關於它的有效性學術界還沒有一個共識，基於原理考慮，它對沒有完全萎縮的毛囊可能是有用的。透過頭盔發射一定波長的光（不一定是雷射），一方面可以抑制皮脂過多分泌；另一方面可以刺激毛根血液循環，使毛根獲得更豐富的營養，促進毛髮生長，與一些透過刺激頭皮毛細血管達到育髮作用的產品原理相似。

黃金按摩棒

黃金按摩棒的風靡始於臺灣某個綜藝節目，黃金的力量被渲染得很玄，吸引無數人購買，

但是口碑不好——不好是自然的，並沒有什麼證據表明用黃金按摩皮膚會有什麼好處。商家所宣傳的美顏、瘦臉、緊緻、排毒、淡化皺紋、消除眼袋和黑眼圈等功能，均不可信。當然，這個小棒棒可以振動，振動按摩對皮膚也不是沒有任何作用，但是冠以黃金之名可能只是為了賣貴點。

拍拍樂

拍拍樂其實是一塊帶柄的用於輕輕拍打皮膚的小海綿。不能說輕輕拍打皮膚全無好處，實際上也可以用手指輕彈。用拍拍樂拍的面積大一點，但拍得太重容易使皮膚發紅或令炎症加重，也會消耗更多的爽膚水。

豐胸按摩器

總的來說，按摩對豐胸是有一定效果的，一方面能刺激神經系統，另一方面可以促進血液循環而使胸部獲得養分。不過，胸部發育主要依賴激素調節，先天因素非常大，所以按摩即使是有效的，也不太可能獲得什麼驚人的變化。如果按摩可以豐胸的話，就不會有那麼多豐胸手術了。

負壓吸黑頭儀

這是一類利用真空抽吸產生負壓使黑頭受到周圍組織的擠壓而浮出皮表的儀器。經浸泡軟化且接近皮表的黑頭或白頭是可以用儀器吸出來的。但是，對頑固的黑頭粉刺和閉口粉刺，它卻愛莫能助，若強力抽吸，則可能造成局部毛細血管擴張形成紅色丘疹。由於黑頭發生的原因至今未明，因此這也只是一個治標的方法，需要配合多種其他方法，從控油、抑菌等多方面護理。

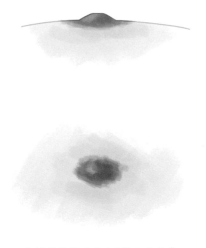

吸取黑頭粉刺不成而致的紅色丘疹

打造完美
素顏肌
每個人都
該有一本的
理性護膚聖經

Chapter 04 | 給肌膚的特別呵護

▎家用冷噴機

敏感性皮膚或者皮膚處於炎症、過敏狀態，或者情緒處於激動狀態，或者環境太熱時，皮膚表面溫度就會上升，直小血管開放以散熱，導致面部發紅、紅血絲擴張，此時利用冷噴機來降溫不失為一個好的選擇。

皮脂的分泌會受溫度影響，也許冷噴機的降溫效應可在一定程度上抑制皮脂分泌。

▎溫眼貼

將極性材料（例如豆子等）封裝於布袋，以微波爐加熱；或者將保溫材料用電加熱後敷於眼周，可使人情緒安定，促進眼周血液循環，對緩解眼疲勞、血管型的黑眼圈有一定效果。

▎奈米霧化補水儀

這是一種小巧的補水儀器，利用超音波原理將水霧化，可以改善局部環境的濕度和皮膚水分。可以把它視為一個便攜式的加濕器，但效果不會那麼神奇，應急使用還是可以的。保濕的重點還是應當健全皮膚屏障，改善較大範圍的環境濕度。

▎熊野筆

本質是一把齊頭的小刷子，方便做局部清潔，原理與洗臉刷是一樣的。它的刷毛很細，可以深入到皮紋底部、毛孔淺部等手指無法觸及的地方，比起化妝棉和洗臉刷它更溫和。想要精細清潔局部，不妨嘗試。

▎日立N2000美容導入儀

從本質上來說，這是一個震動器＋加溫器＋冷卻器。它加上化妝棉潔面的功能，利用了震動產生的機械摩擦作用，其冷卻作用有可能幫助減少皮脂分泌。這款美容儀對皮膚會有一定作用，但可能也談不上是「神器」。

第五篇 05
內調養顏

打造完美
素顏肌
每個人都
該有一本的
理性護膚聖經

Chapter 05 | 內調養顏

關於美容，你需要
知道的營養學知識

食物對身體的健康、功能有重大影響，對皮膚亦然。所以要美容護膚必須懂些營養知識。

人體需要的營養物質，大致上包括水、醣類、脂類、蛋白質、維生素、礦物質、纖維素七大類。

每一類營養物質對人體都是不可或缺的，但是過多對人體也有不利影響。這就是為什麼營養學反復強調：食物多樣化、飲食要均衡。然而現代社會，人類生活場景發生了重大變化，加上食品工業規模化，人們的飲食反而變得不太均衡了：愈來愈多的精製碳水化合物和油炸食品，隨處可見的烘焙店，各種高糖飲料的廣告轟炸，名字不同但實質相差不大的速食連鎖……食物的製作愈來愈精細，粗糧和蔬菜在飲食中占的比例愈來愈低，纖維素缺乏，導致肥胖人數愈來愈多，隨之而來的是心血管疾病、糖尿病等疾病的發病率居高不下。

由於營養知識缺乏，很多人以為吃得愈精細愈好，沉醉於各種製作精美、色彩鮮豔、造型多姿的工業食品，沒有意識到這種做法是在自毀健康。已有大量研究表明，高升糖指數和高脂肪的食物對皮膚有負面影響，尤其是對炎症性皮膚問題。大量攝入高糖（碳水化合物）食物會導致血糖過高，使皮膚自我修復能力減弱、傷口難以癒合，還會促進痤瘡發展。

從整體來看，人們現在需要做的是減少高糖、高脂類食物的攝入，增加粗纖維、全穀物食物的比例。

要開始健康飲食，你需要先明白下面這些重要的概念。

人體所需的主要營養物質介紹

類別	作用	簡介
水	生命基礎	人體的70%由水構成，水是人體內各化學反應的溶劑，是營養成分的運輸載體，也是構成人體內穩態的物質基礎。
醣類	能量基礎	有單醣（如葡萄糖、果糖）、雙醣（如蔗糖）、多醣（如澱粉、糖原）等類型，主要來源於水果、穀物、薯類。人體代謝所需要的熱量主要由醣類供應。由於完全氧化後生成水和二氧化碳，故又稱「碳水化合物」。過多攝入精製碳水化合物是現代社會的普遍問題，可導致糖尿病、心血管疾病、肥胖等。
脂類	提供能量、構成組織	包括脂肪和類脂，是主要的能量儲存形式，還有許多其他重要的生理功能。脂肪由甘油和脂肪酸組成，脂肪酸主要來源於動植物油脂，人體自身也可合成其中的一部分，不能合成的主要是一些必需脂肪酸。女性皮膚下有適量的脂肪，有助於保持皮膚的柔軟和彈性。
蛋白質	生命之源	是生命的基礎物質，肌肉、神經、皮膚、骨頭、毛髮、血液及各種膜結構都是它發揮作用的地方。蛋白質主要是由胺基酸構成的，理論上可以有無窮多種，主要來源於肉類和豆類食物。
維生素	多種作用	在各種生命活動中都有極大的作用，但只需要非常少的量。與美容最相關的是維生素A、維生素B群、維生素C、維生素E，來源於各種水果、穀物和動物性食品。
礦物質	多種作用	包括鐵、鋅、銅、硒、鈣、錳、鎂等，對各種生命活動都有重要的作用，與美容最相關的有鐵、鋅、鈣、銅、矽、硒等，它們來源於各種食物。
纖維素	促進腸道蠕動，維持腸道生態平衡	以前被認為是廢物，現已確認其為一種必需的營養素。纖維素體積大，吃下去能形成飽腹感，還能刺激腸道蠕動，促進排便，對維持消化道的健康有非常重要的作用；還可以促進腸道菌群的平衡，增加有益菌生長。

打造完美
素顏肌
每個人都
該有一本的
理性護膚聖經

Chapter 05 | 內調養顏

▍精製碳水化合物食物

碳水化合物主要來自穀物，即麥、稻、黍（玉米）等主糧作物。這些糧食的種子有殼、有皮，還有與繁殖後代息息相關的胚芽。將去殼的種子直接磨碎，可得到全穀物粉。但全穀物粉因為有皮、糠，顏色不白，口感會有一點粗糙。

為了獲得更好的外觀和口感以及製作造型需要，人們加工種子時去除了皮、胚芽，製作出精米、精白麵粉等原料。用它們製作的各種麵點，包括精白米飯、麵條、饅頭、包子、蛋糕、麵包、點心等等就是精製碳水化合物食物，也都是高升糖指數食物。

全穀物的皮、胚芽中含有大量的纖維素、礦物質、維生素，在精製時都被去除，留下的主要是澱粉和部分蛋白質，營養上是不均衡的。它們的主要成分都是澱粉（其實質是醣類），根據阿特金斯博士的觀點，過多攝入糖相當於攝入毒藥（Sugar is poison）。我認為一定程度上這句話是對的。

冰寒提醒 》

　　冰寒建議減少精製碳水化合物的攝入，以全穀物食物替代之。

升糖指數

升糖指數簡稱GI（glycemic index），是指食物進入人體後，促成血液中葡萄糖濃度上升的速率和程度。測定食物的升糖指數時，先確定一種標準食物（一般以葡萄糖為標準食物），規定它的升糖指數是100，其他食物對血糖的影響與標準食物進行比較，即可得出該食物的升糖指數。

肥胖、糖尿病、皮膚糖化衰老、痤瘡等問題與高升糖指數的食物攝入過多有關。

並不是說一定不能吃高GI食物，或者高GI食物一定有害健康，關鍵在於適度。當前的主要問題是高GI食物在日常飲食中比例太高，所以我們應當盡可能選擇升糖指數適中的食物，而少攝取高GI食物。

冰寒提醒 》

含醣量高的食物GI未必一定高，這與它的精製程度、易消化程度有關。比如粉條的GI較低，主要是因為粉條中的澱粉為架橋澱粉，它的消化吸收速度會慢一點，但是澱粉本身的熱量值很高。因此，若要控制醣分，既應考慮GI，也要考慮食物的含醣總量。

常見的高GI食物

麥芽糖	105	饅頭（中筋麵粉）	88.1	大米飯	83.2
葡萄糖	100	糯米飯	87	桂格燕麥片	83
法國長棍	95	綿白糖	83.5	軟糖	80
牛肉麵	88.6				

打造完美
素顏肌
每個人都
該有一本的
理性護膚聖經

Chapter 05 | 內調養顏

常見的低GI食物

麵條（全麥粉，細）	35	豆乾	23.7	大豆	18
四季豆	27	果糖	23	蒟蒻	17
燉嫩豆腐	31.9	凍豆腐	22.3	五香豆	16.9
綠豆	27.2	扁豆	18.5	花生	14

常見水果的GI值

西瓜	72	柑橘	43	香蕉	30
鳳梨	66	葡萄	43	鮮桃	28
葡萄乾	64	梨子	36	柚子	25
芒果	55	蘋果	36	李子	24
熟香蕉	52	乾杏	31	櫻桃	22
奇異果	52				

清淡飲食

你認為什麼樣的飲食才算清淡呢？冰寒曾在微博上做了一個小調查，大部分人都認為不辣、不油膩、無葷腥就叫做清淡飲食，至於主食和甜點，很少有人考慮。

我建議的清淡飲食標準是：少攝入高脂肪類、精製碳水化合物類食物，多吃蔬菜和中低GI的水果，補充膳食纖維。味道有點辣、有點鹹，並不是主要問題，主要問題在於熱量。此外，肉、蛋類可以適量吃，但攝入大量的動物性食品，包括各種肉類、牛奶及乳製品，飲食就不能稱為清淡。

必需脂肪酸

必需脂肪酸（EFA／essential fatty acid）是人體不能自行合成、必須從食物中攝取的脂肪酸。人體的EFA有亞油酸和 α-亞麻酸兩種，其他脂肪酸均可以這兩種為原料合成。

EFA對人體健康、發育有重大意義。對皮膚而言，它可以減輕炎症、促進皮膚屏障功能；濕疹、特應性皮炎、痤瘡都可能與缺乏EFA有關。EFA還有抗氧化特性，對心血管問題、衰老均有改善作用。

EFA在亞麻籽油、紅花籽油、芝麻油、核桃油、紫蘇油、海魚油等油中含量豐富，日常可選擇這些來源加以補充。

胺基酸和肽

簡單地說，蛋白質是由胺基酸構成的。一個個的胺基酸連接起來形成肽，肽再折疊形成具有特定功能的特定空間結構就是蛋白質。目前認為自然界中存在的天然胺基酸有20種，其中有7～8種是人體不能合成而必須從外界攝入的，稱為「必需胺基酸（EAA／essential amino acid）」，還有數種在人體衰老、疾病等情況下自身合成數量不夠而需要補充的，叫做「條件必需胺基酸」，例如脯胺酸、精胺酸、麩醯胺酸。

打造完美
素顏肌
每個人都
該有一本的
理性護膚聖經

Chapter 05 | 內調養顏

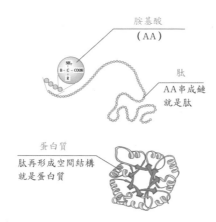

蛋白質可以以肽和胺基酸的方式吸收，某些蛋白質也可以直接被吸收，穿透腸黏膜而保持固有結構和功能（這可能是食物過敏的基礎之一）。

考慮蛋白質的營養價值，主要看它的各種胺基酸含量是否符合人體需要的最佳比例，雞蛋、大豆、魚類都是極好的蛋白質來源。

胺基酸理論上可以組成無數種的肽和蛋白質。一些有活性的肽，塗抹於皮膚表面或者經由腸道吸收到達皮膚後，可以促進真皮膠原蛋白和玻尿酸合成，因而可以改善皮膚水潤度及彈性，減輕皺紋等。

微量元素

所謂微量元素是指人體必需，但只需極少量的無機元素。世界衛生組織公布的人體必需微量元素有14種，即鐵、碘、鋅、錳、鈷、銅、鉬、硒、鉻、鎳、錫、矽、氟和釩。有一些微量元素的作用已經明確，但還有一些不夠清楚。

與美容關係比較密切，而又較容易缺乏的微量元素是鐵（女性月經失血）、鋅（飲食缺乏）、硒等。

鐵是血紅素的組成部分，缺鐵容易導致貧血、精神萎靡、面色蒼白。雞肉、豬肝、牛肉、動物血、黑木耳、銀耳、蝦、海帶等食品是獲取鐵的良好來源。亞洲人有使用鐵鍋的傳統，也是獲取鐵的途徑之一。有一些公益組織在非洲貧困地區推廣使用鐵鍋，以改善兒童貧血狀況，

取得了良好效果，關於此方法有多篇研究論文發表。

鋅缺乏與炎症相關。有研究認為痤瘡、粉刺可能與缺鋅有關，兒童缺鋅會導致智力發育遲緩、抵抗力弱。海鮮類、動物肝臟、奶類、蛋類、全麥食物、核桃、瓜子等都是獲取鋅的良好來源。

硒的外號叫抗衰老元素，是人體抗氧化網路核心成分──穀胱甘肽（GSH）的過氧化酶（GSH-peroxidase）的核心組成元素。硒除了抗衰老外，還有抗癌作用。

冰寒提醒 »

健康飲食的基本原則：

要保持均衡的營養，應當使食物來源多樣化，不偏食，多攝入蔬果，若有疾病或營養素缺乏，應考慮使用營養補充劑。

各種營養成分都有它們不可替代的作用，但也不是愈多愈好。補充營養時，應當適度，足夠所需就好，無須過量。

打造完美
素顏肌
每個人都
該有一本的
理性護膚聖經

Chapter 05 | 內調養顏

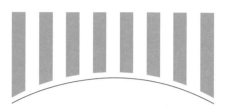

維生素家族的
「美膚四寶」

　　維生素是維持生命活動非常重要的一類物質，需求量極小，但作用很大。人體能自行合成的維生素只有少部分，大部分都需要從食物中攝取。

　　與美容護膚關係密切的主要是維生素A、維生素B群、維生素C、維生素E，它們被稱為維生素「美膚四寶」。

小延伸

脂溶性維生素和水溶性維生素

　　根據維生素是否溶於水或油脂，將其分為水溶性維生素和脂溶性維生素。前者攝入後會很快被排出，不易產生蓄積性中毒，所以安全劑量範圍很寬，維生素B群、維生素C等是水溶性維生素。

　　脂溶性維生素則代謝較慢，攝入後排出也慢，若長期大量攝入，超過一定量就會有毒害作用，稱為蓄積性中毒，因此不可超量補充。維生素A、維生素D、維生素E、維生素K屬脂溶性維生素。

▌維生素A

維生素A（VA／vitamin A）又叫視黃醇，主要與視覺和上皮發育有關。缺乏維生素A可導致夜盲症、乾眼症，皮膚和黏膜發育不全，皮膚乾燥、不能正常角化而脫屑、缺水，易發生粉刺，皮脂分泌旺盛。

維生素A的主要來源是動物肝臟。由於維生素A可由類胡蘿蔔素（包括胡蘿蔔素、玉米黃素、番茄紅素等）轉化得來，故補充類胡蘿蔔素也可補充維生素A，且更安全。

在化妝品中添加維生素A或其衍生物（視黃醇棕櫚酸酯、棕櫚酸視黃醛等），可促進真皮膠原蛋白合成、改善光老化、減輕皮膚油膩感和過度角化。毛周角化症、粉刺性肌膚一般均建議補充維生素A。

正常人每天需要約5000IU（國際單位），過量補充會導致蓄積中毒。

兒童一次攝入量超過30萬IU，成人一次用量超過50萬IU將引起頭暈、腹瀉、嗜睡，每日10萬IU連續用6個月，將出現關節痛、腫脹、無力、月經過多、頭髮乾枯等。孕婦缺乏或過量補充維生素A都會使胎兒畸形率上升。

▌維生素B群

維生素B（VB／vitamin B）是一個家族，按發現順序命名有維生素B_1（硫胺素）、維生素B_2（核黃素）、維生素B_3（菸醯胺）、維生素B_5（泛醇）、維生素B_6（吡哆醇）、維生素B_{12}（鈷胺素）。

與美容關係最密切的是維生素B_3、維生素B_5和維生素B_6。

全穀物食物或動物性食品攝取不足、熬夜等，很容易造成維生素B群缺乏。維生素B群均為水溶性維生素，補充快消耗也快，安全劑量範圍較大，一般不需要擔心大量補充的副作用。

相關調查表明，中國的成年居民鈣、鋅、硒、鎂、維生素B_1和維生素B_2攝入不足比例均較高，其中鈣攝入不足的比例超過95%，維生素B_1和維生素B_2攝入不足的比例均達到了80%以上[19]，因此日常飲食中應當特別予以關注。

打造完美
素顏肌
每個人都
該有一本的
理性護膚聖經

Chapter 05 | 內調養顏

維生素 B 群介紹

名稱	與皮膚有關的作用	來源與說明	基礎需求量
維生素B_1（硫胺素）	維持神經、胃腸功能。缺乏可導致腳氣病（表現之一是多發性神經炎），脂溢性皮炎、水腫也與缺乏維生素B_1有關。	粗糧雜糧、豆類、豬瘦肉、發酵食品含量較高；魚類、水果、蔬菜含量較低。易被鹼破壞。	1.3 mg/d
維生素B_2（核黃素）	代謝的重要輔酶，具有抗氧化活性。缺乏會導致口角炎、脂溢性皮炎及畏光、視物模糊等眼部症狀。	蛋黃、動物心肝腎、奶、大豆。易被光破壞。	1.4 mg/d
維生素B_3（菸醯胺）	抗皮炎，舒張血管，增加皮膚水分，改善皮膚屏障功能和光老化，抑制皮脂分泌，阻止黑色素運輸，還可抗糖化、減少皮膚發黃。缺乏會致癩皮病，易被曬傷（菸鹼酸缺乏症）。	動物內臟、魚類、堅果。	14 mg/d
維生素B_5（泛醇）	是輔酶A的組成部分，缺乏可致皮膚、毛髮、神經、消化器官障礙，外用亦有保濕作用。	食物中廣泛存在，一般不會缺乏。	
維生素B_6（吡哆醇）	促進脂肪代謝，抑制皮脂分泌，對脂溢性皮炎、扁平疣、痤瘡等有輔助改善作用。維生素B_6能促進血清素等大腦神經遞質的合成，而血清素可以有效緩解過敏症狀。	豆類、蛋、蔬果、動物內臟。	1.2 mg/d
維生素B_{12}（鈷胺素）	促進鐵的吸收，缺乏會致貧血，因此和膚色、生長發育密切相關。	動物內臟、水產類。	2.4 mg/d

維生素C

　　維生素C（VC／vitamin C）被稱為「青春維生素」，又名L-抗壞血酸（L-asorbic acid），是一種具有強大抗氧化能力的水溶性維生素，日基礎需要量為60mg，但一般日攝入量低於10000mg均安全。為了滿足美白、抗衰老需要，日補充量可在200mg～400mg。

　　維生素C廣泛存在於水果、蔬菜中。西印度櫻桃、刺梨、卡姆果是維生素C含量最高的水果；常見蔬果中，鮮棗、奇異果、青椒、沙棘、芥菜、苦瓜、茼蒿、山楂、花椰菜中維生素C含量均相當高。柑橘類也是維生素C的良好來源。檸檬被很多人認為是高維生素C水果，其實它的維生素C含量不算高，僅22mg/100g，只有沙棘的1／8，其酸味主要來源於檸檬酸，而不是維生素C。

　　維生素C的美膚作用包括：抗氧化、抗衰老；抑制黑色素合成，美白皮膚；促進膠原蛋白合成，對骨頭的強健、皮膚彈性與水分的保持、血管的正常和健全至關重要。

　　雖然維生素C的安全劑量範圍相當大，但也不推薦長時間過量補充，否則，停止補充時，身體一時無法適應，可能會發生類似壞血病的症狀（典型表現為皮下、黏膜等部位容易出血、發生紫癜）。

　　維生素C非常不穩定，容易氧化失效，或者被光、熱破壞，烹飪、曬乾後的蔬菜，維生素C絕大部分會被破壞掉，因此即使新鮮蔬菜中有足夠的維生素C，考慮到烹飪後的損失，仍然有必要透過其他途徑補充。

打造完美
素顏肌
每個人都
該有一本的
理性護膚聖經

Chapter 05 | 內調養顏

由於維生素C的光穩定性差，慢慢被訛傳成「吃了維生素C不能見光，否則就變黑了」，這個意思就完全變了。日光照射會加速皮膚中維生素C的消耗，塗抹在皮膚表面的維生素C會失效，相當於維生素C犧牲了自己保護了人類。但在日光下使用維生素C沒有任何問題，無論是吃還是抹。

冰寒提醒 »

維生素C的補充技巧如下：

‧少量多次，不要一下吃很多，因為單次吃的量愈大，吸收率愈低，每次60mg以下吸收率可接近100%。所以市面上的大劑量維生素C發泡錠並不是最好的選擇。

‧維生素C跟鹼性的東西、鈣等礦物質一起吃會被破壞，故應避免。

‧和維生素E一起吃，會增強效果。

小延伸

天然維生素C和合成維生素C

維生素C的最早來源是天然的，現均已採用生物發酵法製造，其化學實質都是左式右旋光抗壞血酸，效果完全相同。鑒於其工藝已經非常成熟穩定可靠，不會有廠商捨近求遠從水果去萃取一模一樣的維生素C。因此購買補充劑時，無須特意挑選「天然維生素C」。

當然，由於維生素C與維生素E、花青素等配合使用，效果會更好，故有些複合製劑或者含有維生素C的複合萃取物會自稱「天然維生素C」，其實質是「含有其他天然萃取物的維生素C」。

維生素E

　　維生素E（VE／vitamin E）又稱生育酚（tocopherol），外號「抗衰老維生素」。維生素E有助於維持皮膚彈性，延緩衰老，抗氧化，對生殖功能有重要作用，缺乏易致流產。每日最少應攝入14mg。

　　在天然情況下，維生素E是皮膚表面唯一的抗氧化劑，這是因為皮膚愈靠近表層含水量愈低，皮膚屏障是親脂性的，因此水溶性維生素難以到達表層，維生素E作為脂溶性維生素，可以隨著皮脂分泌流到皮膚表面發揮作用。皮膚中的維生素E的含量會逐步下降。補充維生素E對抗衰老有重要的意義。

　　維生素E主要來源於植物油脂，例如胡麻油、芝麻油、核桃油、豆油、菜籽油、玉米油、小麥胚芽油等，其主要存在於植物種子的胚芽部位，因此雜糧、全穀物食品、堅果能提供比精製碳水化合物更多的維生素E。動物性食品中，蛋黃能提供一定量的維生素E，其他的則較少。

　　維生素E在水果、蔬菜中含量較低，易受高溫破壞，接觸氧即會逐步失效，因此維生素E製劑一般做成膠囊。

　　維生素E有數種天然構型，目前主要依靠天然萃取。人工僅能合成其中的一種構型，且抗氧化效能低，主要做工業用途。

打造完美
素顏肌
每個人都
該有一本的
理性護膚聖經

Chapter 05 | 內調養顏

撐起年輕的肌膚
—— 膠原蛋白

　　膠原蛋白（collagen）是身體的主要結構蛋白之一，是構成真皮及基底層、骨、內臟、血管、肌腱等的骨架，占全身所有蛋白質的30%左右。

　　真皮層膠原蛋白可被多種因素破壞：基質金屬蛋白酶（MMP）可使其降解，自由基可使之變性，日光中的紫外線也能夠讓膠原蛋白變性，糖化反應（梅納反應）可以讓糖類和膠原蛋白反應形成糖基化產物，使膠原蛋白顏色發黃並失去彈性。

　　衰老皮膚中的膠原蛋白纖維明顯比年輕皮膚中的細弱，而且紋路紊亂（降解後失去正常紋理）。研究發現真皮中膠原蛋白的含量會隨著年齡下降，在40歲以上和更年期婦女腹部皮膚中顯著下降。

　　真皮的膠原蛋白合成不足，或者被破壞過多，將會使皮膚彈性減弱，引發皺紋、缺水、光澤黯淡等多種衰老症狀，因此保護和補充真皮中的膠原蛋白對於美容護膚有重要意義。補充維生素C等抗氧化劑、減少糖類食品的攝入、抑制MMP活性、避免紫外線，都有助於保護皮膚中的膠原蛋白免受損失，或者促進膠原蛋白的合成。

　　那麼，口服膠原蛋白或者膠原蛋白肽、膠原蛋白水解產物能不能被吸收，又能否真的增加皮膚中膠原蛋白的含量、改善肌膚呢？

　　這個問題存在很大的爭議。反對方主要依據的是數十年前Dogman（多格曼）等提出的經

典觀點，認為蛋白質在腸道中只有被分解為游離胺基酸（FAA／free amino acids）才能被吸收，這一觀點在教科書中存在了數十年，被認為絕對正確。於是部分人士認為吃下去的膠原蛋白反正最終會被分解為游離胺基酸，所以和吃其他蛋白質並沒有什麼區別，單獨吃膠原蛋白簡直就是愚蠢可笑的行為。

但是後來的研究陸續發現Dogman的學說不完全正確。不少學者發現蛋白質可以以肽的方式被吸收，不僅比FAA吸收迅速，還有吸收率高的優勢，一些大分子的蛋白質也可以直接被吸收，保持原有結構和功能。肽不僅是合成蛋白質的原料，也是重要的生理活性調節物，它可以直接作為神經遞質或透過趨化性等方式而發揮生理作用。

教科書並沒有隨著研究進展而及時更新，上述新的發現並沒有被非專業領域的公眾廣泛熟知。近年來不斷有口服膠原蛋白的研究新進展，從消化吸收、體外試驗、動物試驗、分子水平、組織水平到人的臨床觀察水平乃至隨機對照試驗（RCT），均證實口服膠原蛋白或水解產物（膠原蛋白肽）可以改善皮膚。

其實，即使Dogman的理論是對的，也不影響口服膠原蛋白可以幫助補充體內膠原蛋白的合理性。

打造完美
素顏肌
每個人都
該有一本的
理性護膚聖經

Chapter 05 ｜ 內調養顏

　　膠原蛋白主要由體內成纖維細胞合成，需要相應的胺基酸作為合成原料，否則就是巧婦難為無米之炊。但這不表示任意胺基酸都可以合成膠原蛋白。

　　合成特定的蛋白質，需要有特定的胺基酸配比，換言之：只有在配比合適的情況下，人體才能更多地合成特定的蛋白質。用做蛋糕來舉例：如果想做戚風海綿蛋糕，則蛋和麵粉的配比應該控制在2：1左右；如果你的配比是1：1，那成品應該會接近馬芬。

　　合成膠原蛋白需要大量的甘胺酸、脯胺酸、羥脯胺酸，還包括離胺酸等，它們之間有固定的比例：甘胺酸占25%左右，脯胺酸、羥脯胺酸占25%左右，這種比例是其他蛋白質所沒有的。

　　口服的膠原蛋白水解產物，其胺基酸構成比例、種類與人體中的膠原蛋白比例具有高度相似性，所以首先可以肯定的是：吃膠原蛋白能夠為體內合成膠原蛋白提供最佳的物質基礎（即合適比例、種類的胺基酸）。

　　脯胺酸是條件必需胺基酸，在一些情況下（例如衰老、疾病），人體也必須從外界攝入。當體內缺乏合成某種蛋白質所需的一種或幾種胺基酸時，它們就變成合成這種蛋白質的「限制性胺基酸」，合成無法進行。

　　如果我們以其他蛋白質為原料來合成膠原蛋白，脯胺酸、甘胺酸的直接供應量肯定是不足的，很容易成為合成膠原蛋白的限制性胺基酸。當然，脯胺酸、甘胺酸、羥脯胺酸也可以由其他必需胺基酸轉化而來，但這個過程會耗費能量，過程也更長，對生命體來說，是不合算的。因為生命體總是傾向於用最低的能耗最高效地完成任務。

　　雞蛋是公認的優質蛋白源，能提供全種類的胺基酸，但它的脯胺酸含量較低。我做過推算：若體內每天合成10g膠原蛋白，所有的直接原料均來自雞蛋，那麼要獲得足夠多的脯胺酸，需要吃19顆雞蛋（約重1000g），但如果吃膠原蛋白，則只需要10g就夠了。口服膠原蛋白看起來是補充體內膠原蛋白效率最高的選擇。

　　近五年來，至少有五項隨機對照試驗結果發表於國際雜誌，均證明口服膠原蛋白或膠原蛋白肽可改善皮膚彈性、皺紋、水分含量等，還可以抑制自由基、改善真皮內Ⅰ型和Ⅲ型膠原的比例。研究除了使用無創方法測量皮膚外，也取得了超音波影像、組織病理學證據。研究還發現，衰老人群的服用效果更明顯，這和常識推理的結果也是一致的。時間跨度為十幾年、地域跨度達七個國家的數十項研究已確認口服膠原蛋白保養品的確鑿功效，這並不是偽科學，也不是所謂的「智商稅」。

 冰寒答疑　　關於膠原蛋白的一些問題

痘痘肌可以吃膠原蛋白嗎？

膠原蛋白中含有較多的白胺酸，而有研究發現高白胺酸食物可能會促進炎症發展，故不建議服用，但外用無妨。

有人說吃膠原蛋白有用是因為它有激素？

這屬臆測，提出這種說法的人也從未拿出過有效證據。2013年CFDA（中國國家藥品監督管理局）曾就此專門澄清，檢查中從未發現過膠原蛋白產品中添加激素。某些複合配方的膠原蛋白飲料中有添加大豆中萃取的黃酮類物質，具有類雌激素作用，可促進膠原蛋白合成，但這些成分是合法的，也並不是雌激素。這類膠原蛋白產品更適合熟齡女性，可根據自身情況選擇。

可以透過吃銀耳來補充膠原蛋白嗎？

膠原蛋白只在動物中存在，銀耳中的是黏多醣，並不是膠原蛋白。不過，銀耳也不失為一種美味、健康、有益的食品。

有一種矽飲料，據說可以提升皮膚膠原蛋白含量，是真的嗎？

有初步研究證實口服補充矽可以提升皮膚水分含量，原因在於矽元素也是人體需要的微量元素，且與膠原蛋白合成有關。相關機制尚不十分明確。

多大年齡的人可以開始補膠原蛋白？

一般來說20多歲就可以注意補充。但補充的途徑未必是吃膠原蛋白粉、喝膠原蛋白飲料，完全可以從動物皮、骨類食物中獲取。年齡大的人士補充膠原蛋白的效果更明顯，可能是因為更缺少膠原蛋白。

打造完美
素顏肌

每個人都
該有一本的
理性護膚聖經

Chapter 05 | 內調養顏

膠原蛋白有沒有什麼副作用？

膠原蛋白被美國FDA列入GRAS，即「普遍認為安全」，在中國亦被中國FDA列為「普通食品原料」，也就是可以任意使用，無特定的食用人群限制，對食用量一般不規定，無須進行產品品種審批，與大米、小麥等日常食物屬相同的安全等級。但是單獨的普通食品不得標示保健功能，如果與其他物質混合製成複合物並要宣稱保健功能，需要經過審批。含有膠原蛋白的保健食品被中國FDA認可的保健功能包括：改善皮膚水分含量、增加骨密度、增強免疫力。

因此，膠原蛋白類食物是普遍安全的（有人將此曲解為「膠原蛋白是普通的食品原料，不具有功能」，這是錯誤的）。

有乳小葉增生能不能吃膠原蛋白？

目前缺乏相關的研究，可以確定膠原蛋白不會導致小葉增生。不過有很多小葉增生患者反饋說吃了膠原蛋白後加重，這可能是因為小葉增生過程中成纖維細胞活躍，而吃膠原蛋白會使其更為活躍。因此，有潛在小葉增生的人群，謹慎起見，建議避免特意補充膠原蛋白。

吃膠原蛋白會不會變胖？

不會。膠原蛋白並不是能量物質，每天服用5g或者10g，熱量十分有限，並不會使人變胖。就我遇到的一些情況，感覺變胖是因為補充膠原蛋白後皮膚會變得飽滿緊緻，彈性增加，水分增多，凹陷部位提升，臉會看起來圓一點，好像變胖了，實際上並不是脂肪增多了。

吃豬蹄來補充膠原蛋白，則要注意撇去浮油，油吃多了是真的會變胖。

每天應補充多少膠原蛋白？

研究發現低劑量補充（2.5g/日）效果也很明顯。故每天的補充量可以在2.5～10g之間。

抗氧化食物好處多多

我們已經了解，抗氧化是抗衰老的重要策略之一。食物中含有各種各樣抗氧化的營養物質，日常注意攝取這類食物，好處不少。

維生素類

維生素A、維生素E、維生素C都具有抗氧化作用，維生素E、維生素C是人體內抗氧化的主力。主要來源請參見本書中維生素相關篇章。

色素類

色素類具有強大的抗氧化作用，主要有原花青素（OPC）、花色苷、蝦青素、類胡蘿蔔素等。原花青素、花色苷存在於紫甘藍、葡萄、紫薯、黑皮花生、美國黑李、藍莓、黑芝麻、黑豆、越橘、桑甚、紫茄子等深色食物中；蝦青素主要存在於蝦蟹殼和雨生紅球藻中，但蝦殼不能直接食用，多作為萃取原料；類胡蘿蔔素包括各種胡蘿蔔素、葉黃素、番茄紅素等。除了抗氧化之外，類胡蘿蔔素還號稱「可以吃的防曬乳」，可減少紫外線曬傷；部分類胡蘿蔔素可在體內轉化為維生素A，故對視力有很好的保護作用。

打造完美
素顏肌
每個人都
該有一本的
理性護膚聖經

Chapter 05 | 內調養顏

多酚類

　　例如單寧、白藜蘆醇、綠茶萃取等，原花青素也屬多酚類。這類物質抗氧化能力是維生素C、維生素E的數十倍，也易於從食物中獲得。白藜蘆醇主要存在於葡萄籽、葡萄皮、花生皮、中藥虎杖中；單寧在很多澀味的食物中出現，例如青柿子、葡萄籽。單寧會使蛋白質變性，也會阻止微量元素的吸收，故一般不作為主要的抗氧化食物。葡萄酒中含有較多的單寧。

香料和含硫食物

　　許多香料，如肉桂、茴香、蒜、花椒等都含有大量的抗氧化成分；蘿蔔、蒜、洋蔥等則含有硫，硫是穀胱甘肽的必需成分，日常食物中應當注意攝取含硫食物。

膠原蛋白肽

　　研究發現膠原蛋白肽也具有抗氧化活性。

腸道健康衛兵
—— 益生元食物

　　腸道以及身體要保持健康，腸道菌群平衡至關重要。益生菌缺乏，會導致一些有害菌過度繁殖、分泌毒素，造成肥胖、糖尿病等系統性疾病。

　　益生元（probiotics）是指能促進腸道有益微生物生長的食物，例如菊芋（洋薑）、山藥、萵苣、竹筍、苦瓜、米糠和歐車前等（黏多醣類可能也是）。提純的益生元成分有半乳寡糖、水蘇糖、菊粉、寡果糖等。補充益生元有助於減肥，促進腸道通暢，減輕全身慢性炎症，改善糖尿病等。有研究表明，在產前和產後使用益生元，可顯著減少嬰兒過敏發生率，降低過敏的標誌性免疫球蛋白IgE的總量[20]。

　　高糖、高脂肪、油炸和動物類食品通常都不是益生元食物。

　　除了益生元，市面上還常見益生菌製劑，如雙歧桿菌、乳酸桿菌等，優酪乳中也常見這類益生菌。補充益生菌是促進腸道菌群平衡的方法之一。在我看來，調節飲食，補充益生元食物，多吃膳食纖維豐富的食物，讓腸道環境有利於益生菌自然生長更為重要。如果沒有好的環境，益生菌也無法大量定植於腸道中。

打造完美
素顏肌
每個人都
該有一本的
理性護膚聖經

Chapter 05 | 內調養顏

關於酵素那些事

▌ 酵素的本質是什麼？

酵素這個名字其實由來已久，英文名是「enzyme」，舊譯法是酵素，目前在臺灣仍然沿用，而它的正式名字是「酶」。

酶是一類具有催化作用或可抑制特定化學反應的物質，這是一個極大的家族，作用機制十分複雜，其化學本質主要是蛋白質（近年也發現有非蛋白質的，如核酶），它們是有活性的。

舉個具體的例子：你開車上馬路旁的人行道，車底盤比較低，上去要頗費一番力氣。有個好心人墊了一塊三角形的斜面，於是你瞬間開上去，既快又穩。

假如把開車上人行道這一行為視為一個化學反應，這塊三角形的斜面就是酶。人作為一個生物體，本質上是由化學元素構成的，人的生命必須依賴體內時刻發生的成千上萬種化學反應來維持，而基本上所有的生物化學反應都依賴特定的酶來調控。

• 酶不是一種物質，而是一類物質，參與人體生命活動的酶有成千上萬種。

• 每一種酶都有特定的作用，這叫做酶的功能特異性，根據其作用，可將酶再分為六大類：合成酶、轉移酶、異構酶、水解酶、解離酶、氧化還原酶。比如：水解膠原蛋白的酶無法促成膠原蛋白的合成。

- 酶的作用對象是特定的，比如：負責處理醣類的酶，不能處理蛋白質。

- 酶的作用條件和場所是特定的，比如：在胃裡面起作用的胃蛋白酶，不會在血液裡作用；在一定溫度下，酶有活性，溫度升高到某個區間，它就會失活甚至變性。

▌酵素產品有效嗎？

現今市場上所稱的「酵素」其實並不一定是酶，而是一個商業化的概念，是將科學概念借用了。這類產品一般來說包括如下成分：

- 各種植物萃取。

- 發酵類的細菌（比如乳酸桿菌、嗜熱鏈球菌，做優酪乳會用到這些菌）。

- 各種微量元素。

- 一些膳食纖維和益生元（可以促進腸道有益菌的生長，有通便、減輕炎症和減肥等效果）。

- 某些促進消化的酶類，如鳳梨蛋白酶、木瓜蛋白酶。

其實，很少有酶類是透過內服來發揮作用的，有限的資料是一些凝血酶可內服用於止消化道出血，蛋白水解酶類可用於促進消化。不過這些都是用於相關病人，健康人並不需要。

有網友跟我提到了「自製酵素」的方法：在密封罐內放一層水果再放一層糖，壓緊封口，放兩週即成。這叫發酵，不是酵素──雖然發酵也有個「酵」字，在發酵過程中也會有酵素（酶）參與，但是這樣製作出來的東西不是「酵素（酶）」，叫糖漬水果比較準確。

發酵的基本過程通常是將碳水化合物（醣類）轉變成酸（通常是乳酸、乙酸）、二氧化碳或者是酒精。當然，有些發酵食品是有好處的，雖然它們和酵素完全是兩碼事。

看到聲稱為酵素的產品，不必去問這個「酵素」有沒有作用，應當先了解它的配料成分，這樣才能知道它到底有哪方面的作用、是否適合你、是否值得購買。

我個人認為「酵素」作為商品名稱是不合適的，首先這不是一個規範的用語，其次它並不能準確地描述產品的實質。

外用酶用於美容，最常見的是蛋白酶類，用於去角質，達到柔嫩肌膚、美白的效果（如鳳梨蛋白酶、木瓜蛋白酶）；超氧化物歧化酶（SOD）也有一些應用，如抗氧化。而其他的酶，由於穩定性、成本、配方等原因，應用得並不多。有一些酵母萃取，成分相當複雜，並不是單

打造完美
素顏肌
每個人都
該有一本的
理性護膚聖經

Chapter 05 | 內調養顏

一的成分，它們也不是酵素（酶），而是發酵產物。

　　本篇只是簡要地分享了一些關於美容和健康飲食的基礎知識。如果希望在這一方面有更多、更深入的了解，冰寒特別推薦閱讀《抗衰老計劃：阿特金斯醫生的建議》這本書，它引用了大量研究文獻，對利用飲食抗衰老、促進健康進行了更加系統和深入的論述。

第六篇 06
破解美容謠言

打造完美
素顏肌
每個人都
該有一本的
理性護膚聖經

Chapter 06 | 破解美容謠言

美容護膚界長期以來流傳著許多不可靠的說法，誤導了許多人，花錢事小，傷膚事大。

為什麼會產生這些謠言呢？一方面，是因為長期以來公眾缺乏基本的美容皮膚科學知識，生物、生理衛生、物理、化學這些與日常生活息息相關的課程，在學校裡大多是不受重視的「副科」，形成了謠言生存的土壤。另一方面，有些謠言是蓄意編造、傳播的。要麼是為了博得關注，要麼是為了商業目的。例如某些品牌「發明」了一些現場測試的方法，來識別重金屬、礦物油之類，完全是為了打擊其他品牌以銷售自己的產品。

本篇列出並解釋最常見的美容謠言，讓你當個護膚明白人。

那些不可靠的美容方法

1. 不化妝也應當每天使用卸妝油

不需要。清潔的原則是充分且適度。卸妝油屬強力清潔產品，過度使用會導致皮膚損傷。皮膚並不是清潔得愈厲害愈好。

2. 某些大牌明星皮膚好是因為天天早晚各敷一片面膜

演藝明星皮膚看起來好，很大一部分原因在於妝容無懈可擊，而且最終呈現出來的照片有過後期處理。以明星每天化妝、卸妝的強度，天天敷面膜，而且敷兩片，對皮膚的傷害是非常大的。

3. 仙人掌能防輻射

用導電的罩子把人完全罩住，才可以隔絕電磁波，否則，只要有一條微小的縫隙，電磁波都會繞射進入，仙人掌完全不具備這種能力和條件。放在桌上的仙人掌甚至連補水的價值都沒有，我想它更招人喜愛的原因是：不需要經常澆水。

4. 精油能隆鼻

這違背了生理學常識，萬萬不能相信。

▎那些不可靠的護膚品「祕籍」

1. 皮膚乾不能用美白產品

　　這麼說的理由或許是認為美白產品都含果酸。其實美白產品有很多，不是每個都含果酸，果酸美白也並不那麼流行，因為有太多比果酸更強效的美白成分了，而且不會損傷角質層，比如維生素C、甘草萃取、菸醯胺等等，購買時只要認准成分就可以了。

2. 千萬不要使用任何含酒精的護膚品

　　乾性和敏感性膚質不宜使用高酒精含量的產品。酒精有收斂、殺菌的作用，一些類似酊劑的產品會直接用酒精浸出和防腐，所以不應一概否定。另外，常用的某些醇類潤膚成分也有類似酒精的氣味，但並非酒精。低含量的酒精也常被用作溶劑，以溶解某些不溶於水或油的有效成分。

3. 精華成分的分子更小，滲透力更好，可以將產品內的含水分子導入皮膚

　　精華的作用和分子大小沒有關係。真正的精華，有效成分濃度比較高，有的添加了特殊成分，為了保證成分穩定性要採用更穩定和簡潔的配方以及較小的包裝，並且針對不同皮膚問題而設計，這才是其價值所在。

打造完美
素顔肌
每個人都
該有一本的
理性護膚聖經

Chapter 06 | 破解美容謠言

4. 鹼性洗面乳不能用

鹼性洗面乳的成分中通常有皂基表面活性劑，對油脂有更強的清潔力，所以適合需要特別清潔時使用。使用後及時用酸性爽膚水調理肌膚至弱酸性狀態即可。

5. 爽膚水的主要作用是對皮膚的二次清潔

爽膚水的主要作用是調節皮膚pH至微酸狀態並且補水。在歐洲沒有建立現代的製水、供水系統的時候，用硬水洗完臉後會出現鹼殘留（即不溶性的皂鹽，如脂肪酸鈣、脂肪酸鎂），需要用爽膚水去除之，但現在已經沒有這種必要了。

刻意使用化妝棉＋化妝水做「二次清潔」，本是不得已而為之，對不適用的人來說是畫蛇添足。「所有人都必須用化妝水做二次清潔」、「化妝水最重要的功能是二次清潔」等說法，屬誤導。肌膚本身就脆弱、有過度護膚傾向的人使用化妝棉＋化妝水頻繁做所謂的二次清潔，將對皮膚造成傷害。

6. 爽膚水一定要用化妝棉塗才會有效

爽膚水只要用手塗就可以了，用化妝棉來塗並不能改變它的性質或效用，用手一樣可以把化妝水塗勻，用化妝棉塗爽膚水並不能促進爽膚水的吸收。吸收程度只取決於皮膚和爽膚水本身。當然，這麼做商家是喜歡的，因為可以使爽膚水消耗速度成倍增加。

乾性、敏感性、有炎症的皮膚使用爽膚水時，或者當爽膚水中含有軟化角質的成分時，連續、用力地用化妝棉來塗擦化妝水，具有去角質作用。由於角質層變薄，外來物質可以更快速地穿越皮膚屏障，會加大對皮膚的刺激速度和程度。

用手往臉上塗化妝水，會造成面部二次污染的說法純屬編造。因為不僅手上有細菌，化妝棉上細菌數量也不少。

如果只是輕輕地沾、敷，因為沒有摩擦，不會對皮膚造成傷害。

手比化妝棉溫柔，但化妝棉的多孔性、吸附性是手不能比的。因此，按摩用手，但深層清潔、卸妝、吸水是可能需要用化妝棉的。

7. 使用產品刺痛是因為皮膚缺水

使用普通護膚品、敷面膜都刺痛，是因為皮膚脆弱、屏障受損。一方面，表皮就好像一堵牆，保護著真皮，當它破損時，刺激物很容易穿入表皮刺激到痛覺感受器，從而產生痛感。另

一方面，如果產品的刺激性較高，滲透性太強（尤其是高酒精含量的產品、果酸類產品），正常皮膚也會有這種情況，如何判斷呢？這種產品你用了刺痛而別人沒有，一般就是你的皮膚屏障有損傷了。

當然，屏障受損也會導致皮膚缺水，但缺水是一個結果，而不是原因。這種情況一味補水是沒有用的，必須避免刺激、去角質、摩擦、卸妝等各種有損皮膚的行為，注重保濕和修復，屏障才能逐步恢復正常。

8. 使用產品後臉上起疹子是排毒，過後就好了

外用產品排毒的說法常常被當作遮羞布，以掩蓋使用某些產品導致的接觸性皮炎（刺激或者過敏）。若使用產品後皮膚立即出現起疹子、發紅、發癢等情況，並且過一會兒就消失，多為一時性刺激；如果是隔數小時至數十小時後出現，則多為過敏。這兩種情況都應當停用相關的產品。

有三種情況是例外的：

（1）某些藥物塗上去後有已知的副反應，例如大部分人使用Tacrolimus、維A酸，初期都會有皮膚癢、刺痛的情況，若無法忍受，也應當停用。

（2）激素依賴性皮炎患者，使用不含激素的產品後，皮膚狀態會迅速變差，乾燥、脫屑、緊繃、刺痛等均有可能發生。這並不是因為不含激素的產品不好，而是因為前面長期使用激素，導致了激素依賴。

（3）正常的免疫反應：在真菌性毛囊炎、毛囊蟲丘疹上常見。使用了殺滅真菌、毛囊蟲的藥物或產品後，可能會在短時間裡大量爆膿皰（爆痘），但它的趨勢是：膿皰爆出來後很快就會消失，有消有長，最終趨於減少，這不是過敏，而是因為真菌或毛囊蟲被殺滅後，身體免疫系統要對「戰場」進行清理造成的。使用這類產品前，拍攝清晰的照片以做使用前後對比，對於鑒別過敏還是正常免疫反應作用重大。

打造完美
素顏肌
每個人都
該有一本的
理性護膚聖經

Chapter 06 | 破解美容謠言

▎那些不可靠的鑑別方法

1. 把洗面乳放入勺內，用火燒，如果濺油，就不是好的洗面乳，如果愈燒愈像牛奶一樣，說明是好的洗面乳

這種加熱方法會產生破乳作用（反乳化作用）。如果是滋潤型的洗面乳，裡面加有適量的脂類，是容易破乳而出現油水分離的，這和配方體系與產品特點有關，與品質好壞無關。

2. 搖動瓶身後泡泡很少，說明營養成分少，泡泡細膩豐富，有厚厚的一層，而且經久不消，那就是好的（潤膚）水

水溶性良好的有效成分，如維生素C、菸醯胺等，即使在水中的濃度相當高，也不會有什麼泡泡；沒有什麼有效成分的水，只要加入適量的增稠劑、表面活性劑，就可以起很多泡泡。所以，以泡泡論營養成分的多少並不可靠。

3. 泡泡多而大，說明含有水楊酸

如上條所述，只要加入足夠的增稠劑、表面活性劑，就可以起很多泡泡，只要黏度夠高，泡泡就可以很大。所以用它來判斷產品中是否有水楊酸是徒勞的。而且，水楊酸是允許加入化妝品的成分，也會寫在成分表上，並不需要這樣費力去鑑別。

4. 泡泡很多很細，而且很快就消失了，說明含酒精

醇類的確有消泡作用，但是黏度低的液體泡泡本身也很容易消失。要判斷酒精的含量很簡單，只要在成分表上看它的順序就可以了。而且如果酒精含量很高的話，用鼻子也能聞到明顯的酒味。

5. 拿一杯清水，把乳液倒進水裡一點點：如果浮在水面上，證明乳液含油石酯；晃一晃，水變成了乳白色，證明含乳化劑，這樣的產品是不好的；如果乳液下沉到底部，證明其不含油石酯，這樣的產品是可以用的

首先，沒有一種化妝品成分叫做油石酯；其次，只要是乳液，裡面必定含有乳化劑，因此只要攪拌，均可以在水中分散。乳液在水中是沉或者浮，只與其配方的比重有關。由於大部分成分的比重和水相差不大，如果乳體中含有一些氣泡，必定會浮起來。使用這種方法判斷乳液

的好壞是不可靠的。

6. 如果爽膚水的瓶子是不透明的，絕對不要買，因為無法鑒別

若產品中加入了維生素C或其他一些容易被光照破壞的物質，需要用不透明的瓶子盛裝以避光，所以這種說法並不正確。

7. 在勺裡放一點產品，拿火燒，直到完全燒盡，如果有黑色殘渣，那就是各種添加劑，愈多證明添加劑愈多；然後放一根棉芯在勺裡，把棉芯點著，如果水會冒黑煙，這樣的產品也是不好的

任何含碳物質在高溫而缺氧時不完全燃燒都會留下黑色的碳，這一反應叫做碳化作用。化妝品含有大量有機物，只要是不完全燃燒，都會有黑色殘渣。

8. 取適量產品放入水中，然後觀察其反應，好的產品是不黏杯邊、不漂浮、不沉杯底的，黏在杯邊的含動物油，漂在水面上的含礦物油，沉在杯底的含重金屬鉛、汞等

液態的動物油、植物油、礦物油，比重都小於水，因而會上浮，也可能黏在杯邊，而化妝品是否上浮，取決於其整體密度。沉在杯底就有重金屬的說法非常可笑。輪船是鋼鐵做的，還浮在水面上呢，這種說法讓同為重金屬的鋼鐵情何以堪？

9. 找個銀飾物，把化妝品或者彩妝品抹上去，銀飾物變黑就說明化妝品裡有鉛和汞

銀是容易被氧化的金屬，暴露在空氣中氧化後就會發黑；銀也容易與硫反應形成黑色的硫化銀。因此與什麼物質接觸發黑，並沒有特異性，也就沒有鑒別作用。

測鉛、汞等重金屬，需要借助專業的儀器、透過專業的實驗來完成。

10. 很多保濕產品都是礦物油製成的，把它們塗到紙上，過一會兒把多餘的擦掉，如果產品保濕的話紙就會起皺，如果是礦物油所製的話就會發現紙變透明了

植物油、動物油塗在紙上也會讓紙變透明。

那些危言聳聽的「真相」

1. 粉底都含鉛

鉛屬於禁止添加的物質，故正規的化妝品不可能故意添加鉛。「芳澤無加，鉛華弗御」確實是指古代女子用含鉛的粉以增白（也有用米粉的），而現在的「鉛華」只是代指化妝而已，並非真的含鉛。粉底的主要成分是鈦白粉或其他白色粉末。化妝品規範中對於鉛含量有要求，鉛含量也是常規檢測項目，沒有廠商會冒險去添加鉛，卻捨棄成本更低而且合法的其他粉質原料。

2. 洗澡時毛孔擴張，污垢更容易深入毛孔將其撐大

洗澡時，「毛孔打開」不是指物理意義上的變大，而是毛孔濕潤，因此更容易清潔，含水量增加也會使毛孔細膩。洗澡的流水＋沐浴乳的表面活性作用不可能使污垢更容易進入毛孔。

3. 礦物油會致癌

關於礦物油有各種各樣的說法，其中最著名的是礦物油致癌。甚至有人說礦物油被IARC（國際癌症研究中心，屬世界衛生組織下屬機構，位於巴黎）列為一級致癌物。

為此我廣泛查詢了IARC發布的相關文獻和報告，確認這一說法屬於聳人聽聞。

真相是：未處理和粗處理過的礦物油（主要用於潤滑油、切割等工業領域），是國際癌症研究協會認定的確定致癌物，原因是其中含有大量的多環芳香烴（PAHs）。因為職業性接觸，長期由肺吸入精煉過的礦物油，會導致肺損害（類脂性肺炎等），但沒有導致腫瘤的證據[21]。在皮膚局部使用任何劑量的精煉礦物油都沒有毒性，也沒有致癌性。化妝品中使用的均為精煉礦物油，就這數十年來的實際應用來看，礦物油是安全的[22]。另外，礦物油萃取自石油，在某種意義上，它屬於「天然成分」呢！

那些關於吃的誤會

1. 白天不能吃檸檬，吃了會變黑

這個說法或許有兩個來源：（1）檸檬本含有光敏物質（檸檬烯、香豆素類，其中主要是香豆素類），對光敏感，所以白天吃就會讓人變黑；（2）檸檬含有維生素C，維生素C見光死。

其實有句老話，叫「不談劑量談毒性是耍流氓」。根據相關研究文獻[23,24]，一天吃半顆檸檬，攝入香豆素的量僅有28.25μg，也就是0.02825mg，若要達到致光敏性的水平，至少要吃353顆檸檬。葡萄中香豆素的含量是檸檬的2倍多。假如白天不能碰檸檬的說法成立，那麼葡萄更不能吃，這聽上去很好笑。

光敏性發生的另一個前提是達到一定的紫外線照射量。如果防曬工作做得足夠好，也不必擔心這個問題。至於會不會被太陽曬黑，主要是由紫外線決定的，尤其是UVA的照射劑量，和吃不吃檸檬沒有因果關係。

所以，如果想喝檸檬水，不管白天黑夜大膽喝吧。

小延伸

柑橘據說也有大量的香豆素，吃太多會不會導致光敏反應呢？

香豆素主要存在於果皮中，果肉中的含量與果皮相比是非常微量的[25]，沒人會連皮一起吃柑橘，所以沒有必要擔心這個問題。

2.雞蛋和豆漿不能一起吃

這個謠言的起源是因為生大豆含有胰蛋白酶抑制劑，這種抑制劑會抑制胰蛋白酶（體內消化蛋白質的主要酶）的活性，降低蛋白質吸收，大量攝入會導致人體中毒。但胰蛋白酶抑制劑在豆漿煮熟的時候已經被滅活了，因此喝豆漿不會影響蛋白質吸收。

打造完美
素顔肌

每個人都
該有一本的
理性護膚聖經

Chapter 06 | 破解美容謠言

第七篇 07
護膚品中的常見成分簡介

打造完美
素顏肌
每個人都
該有一本的
理性護膚聖經

Chapter 07 | 護膚品中的常見成分簡介

　　一般允許用於護膚品中的成分多達數千種，要一一列舉出來非常之難，好在總有一些成分
是非常常用的。下面，我將常見的一百多種成分整理出來，供大家參考。如果你可以對這些成
分略有了解，掌握其中的規律，那麼理解護膚品的難度就會降低，選擇起來也可以抓住關鍵，
知道哪些是自己想要的。當然，看成分遠不是理解護膚品的全部——工藝、包裝、原料的純
度、配方體系等都非常重要，這些知識可能還需要漫長的學習過程才能掌握，下面這些就作為
一個入門的開始吧！

▌ 保濕增稠類

　　水（water）：最基礎的溶劑，化妝品中的水一般為超濾或者是離子交換處理過的去離子純
淨水。

　　甘油（glycerin）：化學名為丙三醇，味道是甜的，是一種水溶性保濕劑，同時也是皮膚天
然保濕成分的一部分，配合玻尿酸鈉保濕效果更好。甘油是經典保濕成分，價格便宜、刺激性
低，效果好，所以保濕類產品中通常少不了它。

　　乙醇（alcohol）：即酒精，為小分子醇類，可以溶解很多物質，同時具有促滲、收斂作
用。乙醇在髮膠、香水中含量一般較高，因為這類產品需要快速揮發。高濃度添加可能會造成
皮膚刺激。

　　變性乙醇（denatured alcohol／ethanol denat.）：添加了少量的其他物質使之不能食用
的乙醇。多數國家對酒類徵收重稅，變性乙醇能保有酒精的大部分性能，所以仍可用於非食用
的領域（燃料、溶劑、清潔劑），這樣就不會被課以重稅。

　　丙二醇（propylene glycol）：無色無味的黏稠液體，能與水任意混合，與化妝品成分有很
好的相容性。其黏性和吸濕性好，可用作潤膚、吸濕和軟化劑，也用作香料和防腐劑的溶劑。
丙二醇刺激性很低，無毒，但高濃度的丙二醇可以導致皮膚灼熱感。

　　丁二醇（butylene glycol）：無色無味的黏稠液體，能與水任意混合，是常用的保濕劑。
其保濕性能很好，但刺激性較丙二醇低，也沒有丙三醇（甘油）黏稠，現在愈來愈受歡迎。丁
二醇和丙三醇及玻尿酸鈉配合，可取得很好的保濕效果。

　　玻尿酸鈉（sodium hyaluronic acid）：又稱透明質酸鈉，為透明質酸的鈉鹽，是一種明

星保濕成分。玻尿酸屬多醣類，它由β-D葡萄糖醛酸-N-乙醯氨基葡萄糖雙醣單位交聯組成，廣泛分布於人體各種組織中，是一種具有黏性的、透明如玻璃一樣的物質，在真皮具有保水和保持皮膚彈性的作用，同時表皮下層的細胞間也有大量玻尿酸存在。最早玻尿酸需要從動物中萃取，價格十分昂貴，現已可利用生物工程發酵產生，因此得到廣泛應用。

銀耳多醣體（tremella fuciformis polysaccharide）：提取自銀耳的多醣類成分，結構類似於玻尿酸，具有優異的保濕性和安全性，膚感佳。

膠原蛋白（collagen）：僅存在於動物皮、骨等組織中的重要結構蛋白，應用於護膚品中的一般是水解後的膠原蛋白或者生物發酵產生的膠原蛋白類產物，它們具有良好的生物相容性和保濕性，膚感很好，亦具有很強的吸水能力，故可用作保濕成分和膚感調理劑。

乳酸鈉（sodium lactate）：乳酸的鈉鹽，透明無色，天然保濕因子的成分之一，具有很強的吸水能力，刺激性低，有一點特殊氣味，膚感很好。缺點是化學極性很強，在化妝品中較難配伍，很多增稠成分都與之不兼容。

蘆薈（aloe）：提取自蘆薈葉肉，主要成分為蘆薈多醣，可保濕、抗炎，並有一定抗菌性，能促進修復。

吡咯烷酮羧酸（PCA）：表皮絲聚蛋白分解後的產物之一，是天然保濕因子的組成成分。吡咯烷酮羧酸的吸濕性優於甘油、丙二醇、山梨醇等，具有良好的生物相容性和化妝品配方兼容性，也極少導致過敏或刺激反應。

PCA鈉：見吡咯烷酮羧酸，為吡咯烷酮羧酸的鈉鹽。

黃原膠（xanthan gum）：一種澱粉的衍生物，有極高效的增稠性，顏色透明，溫和無刺激，同時具有懸浮作用，可以幫助油脂均勻分散，是一種安全、常用的增稠成分。

藻酸鈉（sodium alginate）：主要由來源於褐藻（如海帶）中的藻酸製作而成，是藻酸的鈉鹽。藻酸鈉具有優異的穩定性、溶解性、黏性和安全性，在食品工業、製藥工業都得到了廣泛應用。化妝品中常用它作為增稠劑。

纖維素類（cellulose）：是一個家族，例如甲基纖維素、乙基纖維素、羥丙基纖維素、羥乙基纖維素等，均來源於木材中取得的纖維素。纖維素具有透明的外觀和良好的增稠性、溶解性，安全性好，膚感舒適；在化妝品中常用作增稠劑、穩定劑。

聚乙二醇類（PEG）：有PEG-10、PEG-100等多種類型，是一類透明、可吸濕、穩定性好

打造完美
素顏肌
每個人都
該有一本的
理性護膚聖經

Chapter 07 | 護膚品中的常見成分簡介

的乙二醇聚合物，低分子量的可以用於保濕，高分子量的則可用於唇膏等較硬的產品。

山梨醇（sorbitol）：無臭、透明、有輕微甜味的吸濕劑。

尿素（urea）：是皮膚天然代謝的產物之一，也是一種「真正」的保濕劑。不同於一般的吸濕劑，它可以使角質層保持合適的水分含量，同時可以幫助打通細胞的水通道，還可以促進角質的剝落，亦可以促進其他營養成分的吸收。

膨潤土（bentonite）：是一種矽酸鋁鹽，用於調節化妝品配方的黏度和懸浮性能，具有穩定配方的功能。膨潤土可以吸水形成膠狀物質，不致粉刺，在彩妝產品中應用較多。

瓜爾豆膠（guar gum）：瓜爾豆植物種子中發現的成分，是一種多醣，具有吸水能力，能在皮膚表面形成膜。瓜爾豆膠常用作增稠劑和助乳化劑。

明膠（gellatin）：膠原蛋白的降解產物，具有良好的水溶性，黏度高，因而也可以起到增稠作用。明膠的來源是動物的皮、骨。

聚乙烯醇（polyvinyl alcohol）：成膜劑，有黏性，可以與水結合，增加產品的稠度，多用於彩妝、指甲護理產品和撕拉式面膜。

油相基質類

液體石蠟（liquid paraffin）：即礦油（mineral oil），來源於石油，是正異構烷烴的混合物，屬於非極性油脂，潤滑性較好，具有保濕封閉作用，可柔軟皮膚和毛髮。精煉的液體石蠟是安全的。一定意義上，它也是「天然」的成分。

礦脂（petrolatum）：即凡士林，為C16～C32的高碳烷烴（異構）和高碳烯烴的混合物，可用於乳液、膏霜、唇膏、髮蠟中，也是各種藥物軟膏的主要基質成分。該成分是所有油相原料中封閉保濕性最強的，其質地較為黏稠，因此經常和其他的油相物質混合使用，以改善膚感。

矽氧烷類（dimethicone／siloxanes）：即所謂的「矽油」，是一類物質，包括聚二甲基矽氧烷、三矽氧烷、環矽氧烷等。此類成分非常穩定，低刺激，具有良好的潤膚和保濕功能，可以改善礦物油的膚感。

角鯊烯（squalene）：最早提取於鯊魚的天然油脂類成分，人類皮脂腺也可以自行分泌。

角鯊烯具有優良的鋪展性和親膚性，低刺激，沒有特殊的氣味或顏色，配伍性好，但有致粉刺嫌疑。

辛酸／癸酸甘油三酯（caprylic／capric triglyceride）：潤膚成分，在皮膚上有良好的鋪展性，屬於天然油脂，顏色透明，無不良氣味，是化妝品中常用的油性保濕和潤膚劑。

亞麻酸（linolenic acid）：是一種多不飽和脂肪酸，具有特殊氣味，對黏膜有輕微刺激性，但對皮膚是低刺激的。亞麻酸具有抗氧化作用。痤瘡的發生可能與亞麻酸缺乏有關。

硬脂酸（stearic acid）：即十八酸，屬於長鏈脂肪酸，可用作化妝品的輔助增稠劑，但主要用途是製作皂基，如香皂、皂基洗面乳等，亦有增加光澤和滑爽感的作用。許多天然植物和動物油脂都含有該成分。未反應成皂基的游離硬脂酸可能對部分人有刺激性和致粉刺性。

鯨蠟醇（cetyl alcohol）：即十六醇，又稱棕櫚醇，是一種長鏈脂肪醇，為白色蠟狀固體，性質穩定，無特殊氣味或顏色。鯨蠟醇是一種優良的多功能化妝品原料，可以作為潤膚劑、助乳化劑、增稠劑、發泡劑等，可用椰子油或棕櫚油為原料製造，也可以人工合成。

月桂酸（lauric acid）：即十二酸，主要用於皂類的製作，一般化妝品中較少添加，原因是其具有一定的刺激性。同時它也有輔助抗菌作用。月桂酸也是製作月桂醇的原料。

肉豆蔻酸（myristic acid）：即十四酸，主要用於皂類的製作，其皂基有良好的發泡作用。該成分可能具有輕微刺激性和一定的致粉刺性。

肉豆蔻酸異丙酯（isopropyl myristate）：一種常用的潤膚劑，同時其作為酯類，也有較強的溶油作用，因而也常用於卸妝產品中。研究者普遍認為該成分具有致粉刺性。

棕櫚酸異丙酯（isopropyl palmitate）：和肉豆蔻酸異丙酯形態和功能類似，常作為潤膚、溶劑等使用（亦用於卸妝產品等）。該成分被認為有致粉刺性。

異壬酸異壬酯（isononyl isononanoate）：一種穩定溫和的潤膚油脂，具有很好的鋪展性和膚感，顏色透明，無特殊氣味，是性能優異的化妝品原料。

橄欖油（olive oil）：榨取白橄欖果的天然油脂，主要含有油酸等成分，通常用作精油的基底油，也用於製作軟質的皂類。橄欖油總體上是溫和安全的，但也可能有致粉刺性。

氫化蓖麻油（hydrogenated castor oil）：蓖麻油有一定氣味，難於使用，將其做加氫處理後，顏色變得更白，性質更穩定，氣味也得到改善。氫化蓖麻油是一種溫和的油脂，能起到潤膚作用。

打造完美
素顏肌
每個人都
該有一本的
理性護膚聖經

Chapter 07 | 護膚品中的常見成分簡介

氫化橄欖油（hydrogenated olive oil）：與氫化蓖麻油類似。

蜂蠟（beeswax）：是一類固體油脂，可能是人類最古老的化妝品原料，主要用於一些膏狀和半固體的產品，如唇膏、髮蠟等。蜂蠟刺激性低，具有一定的抗氧化、抗菌能力。

葵花籽油（sunflower seed oil）：顧名思義來自向日葵籽，含有多不飽和脂肪酸，具有良好的潤膚和鋪展性，也有一定的抗氧化能力。

羊毛脂醇（lanolin alcohol）：是羊毛脂水解後得到的多種醇類的混合物，常用作乳化和潤膚劑，具有吸水作用，吸水後可緩慢釋放。羊毛脂醇可能引起過敏。

米糠油（rice bran oil／acid）：來自大米米皮，含有多種不飽和脂肪酸，具有潤膚作用，據說可以幫助抗衰老和修護皮膚屏障。

小麥胚芽油（wheat germ oil）：具有潤膚作用，可以提升膚感和改善皮膚的紋理。小麥胚芽油含維生素E，具有抗衰老作用，還含有維生素A、維生素B群、維生素D及卵磷脂，可用於乾性、敏感性、發紅、曬傷的皮膚。

表面活性劑類

脂肪醇聚醚類：包括硬脂醇聚醚類（steareth）、油醇聚醚類、PEG脂肪酸酯類（如PEG-2-硬脂酸酯、PEG-8-月桂酸酯等）。

有機矽類：包括PEG-10聚二甲基矽氧烷、PEG-9甲醚聚二甲基矽氧烷、PEG／PPG-10／3油基醚聚二甲基矽氧烷、PEG／PPG-20／22丁基醚聚二甲基矽氧烷等。

甘油硬脂酸酯（glyceryl stearate）：一種常用的乳化劑，但乳化能力不強，一般作為輔助乳化劑。類似的還有甘油異硬脂酸酯、甘油硬脂酸酯檸檬酸酯等，與之配合使用的有PEG-20甘油硬脂酸酯、PEG-30甘油硬脂酸酯等。

聚甘油硬脂酸酯（polyglyceryl stearate）：是聚甘油與硬脂酸的酯類，比較穩定，適應性廣，無刺激，食品行業也有應用。常見的有聚甘油-10硬脂酸酯、聚甘油-3硬脂酸酯、聚甘油-10油酸酯等。

山梨醇類：包括失水山梨醇脂肪酸酯類（sorbitan esters）和聚氧乙烯失水山梨醇脂肪酸酯類（polyethoxylated sorbitan esters）兩大類。這兩類經常成對使用，是化妝品中經典

的乳化劑，通常被認為是無毒、無刺激性的。常用的山梨醇類有山梨坦硬脂酸酯（sorbitan stearate）、山梨坦油酸酯（sorbitan oleate）、聚山梨醇酯-20（polysorbate 20）、聚山梨醇酯-40等。

糖類衍生物：包括葡萄糖苷類（glucosides）和蔗糖苷類，常見的有鯨蠟硬脂基葡糖苷（cetearyl glucoside）、甲基葡糖倍半硬脂酸酯（methyl glucose sesquistearate）、蔗糖硬脂酸酯（sucrose stearate）等。烷基葡萄糖苷類是相對溫和的一類表面活性劑，常用於清潔、洗滌產品中。

月桂醇聚醚硫酸酯鈉（sodium laureth sulfate）：表面活性劑、起泡劑，亦用於洗滌產品中，刺激性較弱。

月桂醇硫酸酯鈉（sodium lauryl sulfate／SLS）：即十二烷基硫酸鈉，是一種非常常見的基礎表面活性劑、起泡劑，多用於洗滌產品中。因為容易引起刺激或乾燥，所以常與月桂醇聚醚硫酸酯鈉配合使用，以降低刺激性。

卵磷脂（lecithin）：主要萃取自大豆和蛋黃，可能是最溫和的乳化劑，亦可作為皮膚調理劑和抗氧化劑。

胺基酸衍生類表面活性劑：如月桂醯甘胺酸鉀、月桂醯谷氨酸鈉、椰油醯甘胺酸鉀、椰油醯谷氨酸鈉、椰油醯肌氨酸鈉等。此類表面活性劑多用於清潔產品，比皂基更為溫和，可以做成弱酸性體系，清潔力和對皮膚的友好度之間達到了較好的平衡，部分成分還有抗菌作用。

甜菜鹼（betaine）：既有表面活性劑作用，也可以吸濕和調理皮膚、幫助起泡，較多用於洗滌產品中。

▎活性成分

維生素C（vitamin C）：又叫抗壞血酸（ascorbic acid），是自然界中最廣泛存在的抗氧化劑，除了可以消除自由基之外，還有可靠的美白作用，也是膠原蛋白合成過程的必需物質。但維生素C在水中非常不穩定，容易變黃和失活，多年來化妝品業界還沒有完全攻克這個問題，一定程度上限制了它的使用。

抗壞血酸葡萄糖苷（ascorbyl glucoside）：維生素C的衍生物，具有良好的穩定性，但生

打造完美
素顏肌

每個人都
該有一本的
理性護膚聖經

Chapter 07 | 護膚品中的常見成分簡介

物利用度也受到了影響，可算是效果和穩定性折中的產物。

抗壞血酸棕櫚酸酯（ascorbyl palmitate）：是維生素C的一種衍生物，溶於油。

3-O-乙基抗壞血酸（3-O-ethyl ascorbic acid）：也是維生素C的衍生物，吸收到體內後在酯酶作用下可釋放出維生素C。該成分穩定性佳，刺激性低，目前應用較為廣泛。

視黃醇（retinol）：即維生素A，一種公認可以抗衰老、抑制皮脂分泌，並對角質細胞代謝有重要調控作用的成分，常用於抗衰老、抗粉刺護膚品中。維生素A具有一定刺激性。

視黃醇棕櫚酸酯（retinyl palmitate）：視黃醇的衍生物，減輕了刺激性又在一定程度上保持了視黃醇的活性。它也是視黃醇在體內的天然儲存形式。

生育酚（tocopherol）：即維生素E（vitamin E），最重要的油溶性抗氧化劑，也是一種光保護劑，可以清除自由基、減輕炎症反應、減輕老化。生育酚可以保護油脂免受氧化，各種產品中都可能用到這種成分。

生育酚乙酸酯（tocopherol acetate）：維生素E的衍生物，用於替代維生素E，因為維生素E不夠穩定。生育酚乙酸酯被吸收後，經水解可釋放出維生素E。

菸醯胺（nicotinamide／niacinamide）：也就是維生素B_3。2%的菸醯胺對屏障功能有修復作用，也可減少油脂分泌，促進真皮膠原蛋白合成，對光老化有明顯改善作用，缺乏易患皮炎。菸醯胺是一種溫和有效、成本適中的美白和抗衰老成分。

吡哆素（pyridoxine）：即維生素B_6，包括吡哆醇、吡哆醛和吡哆胺，具有抗老化、減輕皮膚乾燥和抑制皮脂分泌的作用。

泛醇（panthenol）：即維生素B_5，是一種水溶性的、穩定的、易穿透角質層的小分子物質。泛醇有保濕、減輕皮膚刺激、舒緩、抗炎和止癢作用，常用於保濕和抗敏類產品。

泛醌（ubiquinone）：即輔酶Q10（Co Q10），是一種溫和而天然的成分，也是極強的抗氧化劑。其顏色淡黃，價格較貴。

紅沒藥醇（bisabolol）：非常經典的抗炎、舒敏成分，萃取自洋甘菊或者西洋蓍草，常用於抗敏、抗炎的產品中。

羥丙基四氫吡喃醇（hydroxypropyl tetrahydropyrantriol）：即「高濃度普拉斯鏈（ProXylane）」，巴黎萊雅旗下著名的抗衰老成分，其本質是一種多醣，可以促進真皮膠原蛋白合成。

α-羥基酸類（alpha-hydroxy acids／AHAs）：又稱果酸，常見的有羥基乙酸（glycolic acid）、乳酸（lactic acid）等，最常用作角質鬆解劑（去角質劑），但是作用不限於此。AHAs（羥基乙酸、檸檬酸、乳酸）還可以促進真皮年輕化。在醫學美容領域，高濃度的α-羥基酸類用於換膚。

水楊酸（salicylic acid）：屬於芳環酸類，最早是在柳樹皮中發現的，具有鎮痛、消炎、調節角質細胞增殖、抑菌等多種作用，有一定刺激性，是痤瘡護理產品的經典成分。建議孕婦謹慎使用。

辛醯水楊酸（capryloyl salicylic acid）：水楊酸的衍生物。水楊酸接上一個辛烷基團後具有了更好的脂溶性和滲透性，進而可達到更好的護理效果。但滲透過快也可能會帶來刺激感，在產品中的添加量和使用的經皮輸送系統很重要。

多羥基酸類（polyhydroxy acids／PHAs）：是第二代α-羥基酸，帶有多個羥基，故有更好的保濕作用，同時刺激性更弱，常用的有葡萄糖酸內酯（gluconolactone）、乳糖酸（lactobionic acid）、麥芽糖酸（maltobionic acid）等。PHAs有抗氧化、抗糖化作用，多用於抗衰老。

乳酸：人體天然可以產生的一種保濕性酸類，有特殊氣味。乳酸保濕能力強，但濃度高的話（正如其他α-羥基酸一樣）可產生刺激作用，常用於保濕和促進角質細胞脫落，還應用於美白、抗粉刺配方。

麴酸（kojic acid）：一種來源於不同的真菌（如麴黴和青黴）的美白成分，可抑制酪胺酸酶的活性，有一定刺激性和致敏性，但對於不耐受氫醌治療的人很有價值。

壬二酸（azelaic acid）：又稱杜鵑花酸，是一種美白成分，常用的濃度是20%，用於玫瑰痤瘡等皮膚。 般情況下，皮膚對壬二酸具有很好的耐受性，常見的副作用有短暫性紅斑、脫屑、瘙癢和灼燒感等刺激反應。

葡萄糖酸鋅（zinc gluconate）：易溶的含鋅原料。鋅是一種對皮膚很重要的離子，具有抗炎、舒緩作用，也可幫助抑制皮脂。葡萄糖酸鋅常用於過敏、痤瘡、敏感特應性皮炎等皮膚問題適用的護膚品中。

天冬氨酸鎂（magnesium aspartate）：是天冬氨酸的鎂鹽，常用於抗衰老產品，還可以促進真皮與表皮細胞的連接。

打造完美
素顏肌
每個人都
該有一本的
理性護膚聖經

Chapter 07 | 護膚品中的常見成分簡介

熊果苷（arbutin）：萃取自植物「熊果」的有效美白成分，在體內轉化成氫醌後發揮作用，具有可靠的美白效果，安全性也較佳，一般添加量建議低於3%，價格較貴。

傳明酸（tranexamic acid）：即氨甲環酸、凝血酸，是一種具有止血作用的美白成分，常用於黃褐斑皮膚的護理。

光甘草定（glabridin）：是光果甘草的萃取物，在不產生細胞毒性的條件下對酪胺酸酶的抑制率可達50%，而且已經證明比氫醌的抑制能力高16倍。光甘草定非常昂貴，號稱「美白黃金」。

青咖啡果萃取（coffee fruit extract）：是一類抗衰老物質，含有大量多酚綠原酸，具有很強的抗氧化能力，能提升皮膚彈性，在護膚領域很有前景。

人參根萃取（ginseng root extract）：能夠抗氧化、抗糖化，促進膠原蛋白合成；可抑制乾燥棒狀桿菌的生長，有助於減少體臭；還具有抗炎作用。人參根萃取是十分經典的美白抗衰老物質。

黃耆萃取（astragalus root extract）：萃取自中藥黃耆，具有良好的抗氧化、抗菌能力，常用於美白和抗衰老護膚品。

石榴萃取（pomegranate extract）：含有大量多酚類物質，有抗氧化、收斂、抗炎等作用，根據需要可用果實、果皮、果籽、樹皮、樹根等部位的成分。

桑樹皮萃取（morus alba root bark extract）：桑樹根皮的萃取物，有非常強的美白作用（超過氫醌和熊果苷），同時性質安全、溫和。

富勒烯（fullerenes）：是一種由碳原子構成的球狀分子，完全由人工合成。研究發現富勒烯具有極強的抗氧化和清除自由基作用，常用於美白、抗皺、抗衰老產品中，價格極其昂貴。羅伯特・F・科爾（Robert F. Curl）、哈羅德・W・克羅托（Harold W. Kroto）、理查德・E・斯莫利（Richard E. Smalley）三人因發現富勒烯而獲得1996年諾貝爾化學獎[26]。

苯乙基間苯二酚（phenylethyl resorcinol）：即SymWhite377，一種美白成分，作為酪胺酸酶的類似物發揮競爭性抑制酪胺酸酶的作用，可減少黑色素合成，達到美白效果。

抗敏修復類

甘草酸二鉀（dipotassium glycyrrhizinate）：著名的抗敏成分，是甘草萃取的衍生物，

易溶於水，有較低的pH，對油性皮膚亦有幫助。

尿囊素（allantoin）：最早萃取自紫草科植物的根，有抗炎、舒緩和促進傷口癒合的作用，對痤瘡亦有改善作用。

金盞花萃取（calendula／marigold extract）：萃取自金盞花的植物成分，有抗炎、舒緩作用，可用於敏感性皮膚和痤瘡護理產品中。

神經醯胺（ceramide）：是皮膚生理性脂質的組成部分，有多種構型，是一種昂貴而有效的皮膚屏障修復成分，可以維護皮膚屏障的功能、促進受損皮膚屏障修復等。其前體物質是鞘脂類（sphingolipids）或糖鞘脂類（glycosphingolipids）物質。

洋甘菊萃取（chamomile extract）：洋甘菊有多個種類，如德國洋甘菊（*Matricaria chamomilla*）和羅馬洋甘菊（*Anthemis nobilis*），都是著名的抗敏植物。洋甘菊萃取含有紅沒藥醇、天藍烴等抗炎、舒敏成分，常用於敏感性皮膚和醫美手術後護理產品。

綠茶萃取（green tea extract）：綠茶萃取的有效成分是多酚類，已知可減少DNA損傷、日光炎症和紅斑，是極強的抗氧化劑，同時具有美白、控油作用。綠茶萃取是一類天然安全的有效成分，缺點是顏色較深，一般人難以接受其棕黃色的外觀。

叔丁基環己醇（butylcyclohexanol）：即SymSitive1609，一種舒緩成分，可以阻斷TRPV-1受體從而減輕燒灼感，常用於敏感性皮膚護理產品。

打造完美
素顏肌
每個人都
該有一本的
理性護膚聖經

Chapter 07 | 護膚品中的常見成分簡介

防曬劑

在這我將最常用的防曬劑列於下表中，大家購買防曬乳或者看產品成分表時可以作為參考，尤其要注意它們的防曬波段和峰值。

化學名	英文名	吸收峰	備註
氧化鋅	Zinc Oxide	不明顯	從UVB到UVA全面防護
二氧化鈦	Titanium Dioxide	不明顯	從UVB到UVA全面防護
甲氧基肉桂酸乙基己酯	2-Ethylhexyl 4 -methoxycinnamate	289 nm	UVB吸收劑
水楊酸乙基己酯	2-Ethylhexyl salicylate	310nm左右	UVB防曬劑，可提升其他成分的光穩定性。
奧克立林	Octocrylene	303 nm	UVB防曬劑
胡莫柳酯	Homosalate	306 nm	UVB防曬劑
p-甲氧基肉桂酸異戊酯	Isoamyl p-methoxycinnamate	307 nm	UVB防曬劑
乙基己基三嗪酮	Ethylhexyl triazone	303 nm	UVB防曬劑
甲酚曲唑三矽氧烷	Drometrizole trisiloxane (Mexoryl XL)	303 nm 和344 nm	極優秀的防曬劑，有兩個吸收峰，可同時防護UVB和UVA，最大防護範圍達到360 nm。

續表

化學名	英文名	吸收峰	備註
對苯二亞甲基二樟腦磺酸	Terephthalylidene dicamphor sulfonic acid (Mexory1SX)	345nm	可同時防護 UVA 和 UVB。
二乙基己基丁醯胺基三嗪酮	Diethylhexyl butamidotriazone	312nm	
二乙氨基羥苯甲醯基苯甲酸己酯	Diethylamino hydyoxybenzoyl hexyl benzoate	352nm	是阿伏苯宗的下一代產品，光穩定性更好。
丁基甲氧基二苯甲醯基甲烷	Butyl methoxydibenzoylmethane	357nm	又稱帕索1789、Avobenzone（阿伏苯宗）。
雙-乙基己氧苯酚甲氧苯基三嗪	Bis-ethylhexyloxyphenolmeth oxyphenyltriazine(Tinosorb S)	310nm 和343nm	優秀的防曬劑，光穩定性良好，有兩個吸收峰，對UVA和UVB均有防護能力。
亞甲基雙-苯並三唑基四甲基丁基酚	Methylene bis-benzotriazolyl tetramethylbutylphenol (Tinosorb M)	305nm 和360nm	有兩個吸收峰，對UVA和UVB均有防護能力。

色素類

氧化鐵（iron oxides）：包括氧化鐵紅、氧化鐵黃、氧化鐵黑，多用於彩妝和BB霜中，可能還有一定的紫外線阻隔作用。

二氧化鈦（titanium dioxide）：既是一種白色顏料，也是一種防曬劑，是世界上最白的物質。作為物理防曬劑，二氧化鈦可以實現長波段紫外線防護，經奈米化處理後，外觀改善，更容易被人接受。

雲母（mica）：是一系列矽酸鹽的統稱。雲母是重要的色料，可為產品提供閃光的外觀及各種不同的顏色。

打造完美
素顏肌
每個人都
該有一本的
理性護膚聖經

Chapter 07 | 護膚品中的常見成分簡介

粉體類

滑石粉（talc）：來自礦物（矽酸鎂），具有非常柔軟和滑爽的手感，通常用於彩妝產品中作為填充料。

矽石粉（silica）：也就是二氧化矽，可以調節產品的黏度，經常用作填充料和遮蓋成分、潤膚劑的載體，可以改善膚感。球形的矽石具有多孔性，可以吸附油脂，是一種惰性而安全的成分。

珍珠粉（pearl powder）：珍珠磨碎後的粉體，由有機的蛋白質和無機的礦物兩部分構成，礦物部分的主體是文石結構的碳酸鈣。珍珠粉具有收斂、抗炎和鎮靜作用，亦可用清潔、吸附油脂和去角質。近年，人們從珍珠和珍珠貝中提取出了具有美白作用的內皮素拮抗劑。

炭粉（charcoal powder）：木、竹等製成的炭的粉體，具多孔性，因而有吸附作用，可用作色料或用於泥狀面膜、潔面產品等，起到吸附和清潔作用。

香精香料類

常見的香精有檸檬烯、香茅醇、香葉醇、香茅醛、金合歡醇、芳樟醇、新鈴蘭醛、肉桂醛、丁香酚、香蘭素等。

防腐類

對羥基苯甲酸酯類／尼泊金酯類（parabens）：是最古老的防腐劑之一，同時也非常溫和，准許使用的包括羥苯甲酯（methylparaben）、羥苯乙酯（ethylparaben）、羥苯丙酯（propylparaben）、羥苯丁酯（butylparaben）等，其中羥苯丁酯可以抗真菌。近年來，研究者對其安全性有一些爭議，但美國CIR（化妝品成分評估）認為目前為止的證據表明在化妝品中使用這些成分是安全的。

季銨鹽類（quaternium）：一類具有表面活性的抑菌劑，殺菌能力很強，但某些情況下也可以產生刺激。

苯甲酸鈉（sodium benzoate）：對酵母有很強的抑制作用，對黴菌和細菌也一定程度的抑制作用，無毒。

DMDM乙內醯脲（DMDM hydantoin）：較為常見的防腐劑，刺激性中等，對細菌和真菌都有抑制作用。該成分雖然是一種甲醛釋放劑，但安全紀錄良好。

碘丙炔醇丁基氨甲酸酯（iodopropynyl butylcarbamate）：簡稱IBPC，是一種溫和的、廣譜而穩定的抑真菌劑。

苯氧乙醇（phenoxyethanol）：廣譜抑菌劑，對真菌、細菌均有抑制作用。駐留型產品中濃度偏高時皮膚可能會產生灼熱感。

咪唑烷基脲（imidazolidinyl urea）：應用最廣的防腐劑之一，通常與其他防腐劑配合使用以提升防腐效果，在高溫下可以釋放出更多甲醛。在各種甲醛釋放型防腐劑中，咪唑烷基脲是相對容易引起過敏的。

甲基異噻唑啉酮（methylisothiazolinone）：一種曾經比較流行的抑菌劑，低用量下就能起到極好的抑菌效果，但可惜安全性較差，因此歐盟已經禁用。上海市皮膚病醫院的一項實驗發現，該成分在測試的各種防腐劑中是不良反應率最高的。

戊二醇（pentylene glycol／pentanediol）：一種保濕劑，作為多元醇，也有防腐作用，通常添加於「無添加」產品中，純度較高的話，安全性較好。

己二醇（hexylene glycol／hexanediol）：一種保濕劑，也可以作為溶劑，具有抑菌作用，安全性極佳。

辛二醇（octanediol）：二元醇類，具有廣譜抑菌能力。

▌其他輔助類成分

EDTA二鈉（disodium EDTA）：即乙二胺四乙基二鈉，是一種螯合劑，可以結合二價金屬離子，從而避免離子對配方中某些對金屬離子敏感的成分產生影響。同時，它也有助於防腐。EDTA不適合用於敏感性皮膚。

氫氧化鈉（NaOH）：酸鹼調節劑，用於調節pH，使過低的pH升高到適當範圍。

氫氧化鉀（KOH）：同NaOH的作用。這兩者也用於生產皂基洗面乳或其他皂類產品。

三乙醇胺（TEA／triethanolamine）：是一種鹼性的pH調節劑，也可以與游離脂肪酸一起製作非金屬鹽的皂類。

檸檬酸（citric acid）：一種果酸（α-羥基酸），常用於pH調節和輔助防腐，一般情況下對皮膚安全，但對於敏感、破損的皮膚可能形成刺激。

參考文獻

[1] Raison C L, Lowry C A, Rook G A W. Inflammation, sanitation, and consternation: loss of contact with coevolved, tolerogenic microorganisms and the pathophysiology and treatment of major depression[J]. Archives of General Psychiatry, 2010, 67(12): 1211-1224.

[2] Boehncke W H, OCHSENDORF F, Paeslack I, et al. Decorative cosmetics improve the quality of life in patients with disfiguring skin diseases[J]. European Journal of Dermatology, 2002, 12(6): 577-80.

[3] Schauder S, Ippen H. Contact and photocontact sensitivity to sunscreens[J]. Contact dermatitis, 1997, 37(5): 221-232.

[4] 顧恒,常寶珠,陳崑.光皮膚病學[M]. 北京：人民軍醫出版社, 2009:207.

[5] Draelos Z D, DiNardo J C. A re-evaluation of the comedogenicityconcept[J]. Journalof the American Academy of Dermatology, 2006, 54(3): 507-512.

[6] Mironava T, Hadjiargyrou M, Simon M, et al. Gold nanoparticles cellular toxicity and recovery: Adipose Derived Stromal cells[J]. Nanotoxicology, 2014, 8(2): 189-201.

[7] Fulton J E. Comedogenicity and irritancy of commonly used ingredients in skin care products[J]. J. Soc. Cosmet. Chem, 1989, 40: 321-333.

[8] Fulmer A W, Kramer G J. Stratum corneum lipid abnormalities in surfactant-induced dry scaly skin[J]. Journal Of Investigative Dermatology, 1986, 86(5): 598-602.

[9] J F.Nash, Paul J.Matts, Paul R.Tanner, et al. 防曬產品UVA 防禦效果檢測和標識方法的回顧. 2004 年中國化妝品學術研討會論文集[C].

[10] Song Z, Kelf T A, Sanchez W H, et al. Characterization of optical properties of ZnO nanoparticles for quantitative imaging of transdermal transport[J]. Biomedical optics express, 2011, 2(12): 3321-3333.

[11] Michele Verschoore, 劉瑋,甄雅賢,等.現代美容皮膚科學基礎[M].北京：人民衛生出版社, 2011:78.

[12] Andrew Weil. 抗衰老指南[M]. 海口：南海出版公司, 2011:3.

[13] Busse D, Kudella P, Grüning N M, et al. A synthetic sandalwood odorant induces wound-healing processes in human keratinocytes via the olfactory receptor OR2AT4[J]. Journal of Investigative Dermatology, 2014, 134(11): 2823-2832.

[14] Hui-Man Cheng, Feng-Yuan Chen, Chia-Cheng Li, Hsin-Yi Lo, Yi-Fang Liao, Tin-Yun Ho, Chien-Yun Hsiang. Oral Administration of Vanillin Improves Imiquimod-Induced Psoriatic Skin Inflammation in Mice. Journal of Agricultural and Food Chemistry, 2017; 65 (47): 10233 DOI: 10.1021/acs.jafc.7b04259.

[15] Ohio State University Wexner Medical Center."Gotanitch? Allergy to moistened wipes rising, says dermatologist." ScienceDaily.www.sciencedaily.com/releases/2014/03/140303083204.htm (accessed February15, 2016).

[16] Fox M, Knapp L A, Andrews P W, et al. Hygiene and the world distribution of Alzheimer's disease

Epidemiological evidence for a relationship between microbial environment and age-adjusted disease burden[J]. Evolution, Medicine, and Public Health, 2013, 2013(1): 173-186.

[17] Terry K L, Karageorgi S, Shvetsov Y B, et al. Genital powder use and risk of ovarian cancer: a pooled analysis of 8,525 cases and 9,859 controls[J]. Cancer Prevention Research, 2013: canprevres. 0037.2013.

[18] Endara M, Masden D, Goldstein J, et al. The role of chronic and perioperativeglucose management in high-risk surgical closures: a case for tighter glycemic control[J].Plastic and reconstructive surgery, 2013, 132(4): 996-1004.

[19] 范軼歐,劉愛玲,何宇納,等.中國成年居民營養素攝入狀況的評價[J].營養學報,2012,34(1): 15-19.

[20] Elazab N, Mendy A, Gasana J, et al. Probiotic administration in early life, atopy,and asthma: a meta-analysis of clinical trials[J]. Pediatrics, 2013, 132(3): e666-e676.

[21] IARC.IARC Monographs on the Evaluation of Carcinogenic Risks to HumansOverall Evaluations of Carcinogenicity: An Updating of IARC Monographs, 1-42,Supplement7.

[22] Nash J F, Gettings S D, Diembeck W, et al. A toxicological review of topical exposure to white mineral oils[J]. Food and Chemical Toxicology, 1996, 34(2): 213-225.

[23] J. Schlatter, B. Zimmerli,R. Dick et al. Dietary intake and risk assessment ofphototoxic furocoumarins in humans[J].Food and Chemical Toxicology, 1991, 29(8):523-30.

[24] Deutsche Forschungsgemeinschaft (DFG), G. Eisenbrand.Risk Assessment ofPhytochemicals in Food[M].Bonn:Deutsche Forsch Wiley Publishing Inc.,2010:300.

[25] 孫志高,黃學根,焦必寧,等.柑桔果實主要苦味成分的分布及橙汁脱苦技術研究[J]. 食品科學, 2005, 26(6): 146-148.

[26] NobelPrize.org. The Nobel Prize in Chemistry 1996 [EB/OL]. [2019-04-15].https://www.nobelprize.org/prizes/uncategorized/the-nobel-prize-in-chemistry-1996-1996.

後記

　　這本書已經問世兩年多了，我從未想到銷量能超過 10 萬冊而晉級國民護膚書之列。感謝所有讀者、朋友、老師們的支持！

　　動筆寫這本書是我在準備讀皮膚學碩士時，本書初次出版時我剛剛獲得碩士學位不久。當時只是出於一個簡單的初衷：我要寫一本書，定位為人生的第一本護膚書，講述所有想護膚的人都應當了解的基礎知識，以免他們在護膚上走彎路。

　　在十多年的美容護膚行業從業、科普經歷中，我發現雖然每個人都希望自己擁有健康、完美的肌膚，有的人可以說對護膚十分熱衷，但卻常常事與願違。很多人本來皮膚並不差，卻因不懂得基本的皮膚生理常識，也不會正確挑選和使用護膚品，反使皮膚愈來愈差；還有些人的皮膚本來只有小問題，卻被「護理」得愈發糟糕。究其原因，是對皮膚和護膚的基礎知識了解得太少──陷入精美的包裝、動人的廣告、繁複的程序，卻忽略了那些最基礎、簡單、有效的知識和技巧。

　　當然，這樣的寫作方向難免會收到另一種評價，就是講的東西過於淺顯了。特別是2018年開始，我時有看到「裡面講的很多東西我都知道」之類的評價。這種評價引起了極度舒適，因為書中的許多觀點，例如：不要過度清潔、要適度去角質、慎用清潔輔助工具、硬防曬的重要性、卸妝不當的風險、不要天天做面膜、面膜的敷貼時間不宜太長、慎用化妝棉二次清潔等觀點，我在2012年開始提出來的時候，面臨著巨大的反對聲浪，甚至不時經受人身攻擊。但如今，這些觀點已經成為很多皮膚科醫生的共識，有的甚至已經或即將被寫入皮膚科有關的指南和專家共識。倒不是說大家了解這些知識全都是我的功勞，但作為最早倡導理性護膚，堅持這些觀點並不斷主張、用實驗驗證的人，我起到了微小的作用。如果有一天，大家都覺得沒有必要再讀這本書了，那麼太完美了──這本書忠誠地完成了它的歷史使命。

　　這本書內容上的一個重大空白是：沒有花太多篇幅講述痤瘡、脂溢性皮炎、玫瑰痤瘡、黑頭和白頭、色斑等問題性皮膚的鑒別、護理方法。其實在初稿中，我寫了這部分的一些內容，但後來刪除了，原因是這些皮膚問題的發生原因、處理方法有許多未明瞭的地方需要研究和求證，在我自己的研究還未足夠深入的情況下，寫出來的東西可能也只能達到「人云亦云」的層次，並不一定能給讀者帶來更有用的訊息和知識，讀了和沒讀，都是「原因不明、沒有特效療法」。而這兩句話，是我閱讀醫學類書籍時最感難受的。所以，與其如此，不如

先不寫了，轉而沉下心來做實驗、研究。

於是，在過去的六年中，我碩士畢業後又繼續攻讀皮膚學博士學位，持續不斷地研究這些令人極為困擾卻又無可奈何的問題，在光學、影像、微生物、藥敏、化妝品成分和配方、無創診斷鑒別等各方面都做了一些研究工作，也與很多皮膚科的朋友保持密切交流與合作，在某些問題上取得了較大的突破。

我將在下一本書中為大家分享這些新取得的知識——它將著力講述問題性肌膚的護理和治療，可以算是一本護膚進階指南，期待它為更多被問題性肌膚困擾的讀者帶來希望。

在本書修訂之際，我想誠摯地向所有幫助和支持我工作的人們表示感謝。

感謝我的碩士導師劉瑋教授、聯合導師崔勇教授的指導和幫助；感謝齊顯龍博士分享的資料和照片；感謝陸軍軍醫大學何威教授、昆明醫科大學何黎教授、瑞金醫院皮膚科教授、中華醫學會皮膚科分會主任委員鄭捷老師、華西醫院皮膚科李利教授對本書及本書衍生的課程無條件的支持和幫助；感謝我的博士導師，同濟大學附屬上海市皮膚病醫院光醫學科教授、中華醫學會皮膚科分會光動力研究中心首席專家王秀麗老師對我的研究和學習給予無條件的信任和支持。

感謝我的讀者和粉絲，不斷提出建議和問題，讓我獲得了寶貴的靈感，指引我寫作的方向，你們的鼓勵讓我懷著崇高的使命感堅持寫作。

感謝我的家人，尤其是我的太太，如果沒有她悉心照料寶寶並承擔很多事務、全力支持我的學習和研究，就不可能有本書。

最後，要感謝所有的朋友，你們不斷用力地推薦，才使得本書在長達兩年的時間裡位居護膚美容書籍暢銷榜前列，並使書中的觀點惠及更多人，愛你們！

冰寒

2019 年 1 月 29 日於上海

本書簡體書名為《素顏女神：听肌肤的话》原書號：9787555244974
本書透過四川文智立心傳媒有限公司代理，經青島出版社有限公司授權，
同意由臺灣東販股份有限公司在全球獨家出版、發行中文繁體字版本。
非經書面同意，不得以任何形式任意重製、轉載。

打造完美素顏肌
每個人都該有一本的理性護膚聖經
2020年8月1日初版第一刷發行

作　　　者　冰寒
編　　　輯　邱千容
美 術 編 輯　竇元玉
發 行 人　南部裕
發 行 所　台灣東販股份有限公司
　　　　　　＜地址＞台北市南京東路4段130號2F-1
　　　　　　＜電話＞(02)2577-8878
　　　　　　＜傳真＞(02)2577-8896
　　　　　　＜網址＞http://www.tohan.com.tw
郵 撥 帳 號　1405049-4
法 律 顧 問　蕭雄淋律師
總 經 銷　聯合發行股份有限公司
　　　　　　＜電話＞(02)2917-8022

TOHAN

國家圖書館出版品預行編目資料

打造完美素顏肌:每個人都該有一本
的理性護膚聖經/冰寒著. -- 初版.
-- 臺北市：臺灣東販, 2020.08
248面；17×23公分
ISBN 978-986-511-417-6(平裝)

1.皮膚美容學

425.3　　　　　　　109009209